国家自然科学基金青年项目(51704182)
中国博士后科学基金第 13 批特别资助(2020T130385)

煤矿巷道围岩破裂劣化效应与沿空掘巷围岩控制

蒋力帅　徐　清　王庆伟　冯　昊 　　著
（加）汉尼·米特里（Hani Mitri）

U0337886

中国矿业大学出版社
·徐州·

内 容 简 介

　　煤矿巷道围岩峰后劣化特性是围岩稳定性分析与支护优化的关键。本书以赵固二矿大采高沿空掘巷期间围岩破碎、变形大和维护困难等实际工程问题为背景,采用现场实测、实验室测试、理论分析、数值模拟仿真等研究手段对该问题进行了深入系统的研究;建立了巷道顶板 Winkler 基础悬梁模型,研究了巷帮变形基础支撑下的顶板弯曲变形特征和基础刚度效应;构建了工程岩体拉伸破裂后杨氏模量劣化的力学机制和工程岩体拉伸劣化关系式,利用 FLAC³ᴰ二次开发形成了工程岩体劣化模型仿真模拟方法,并研究了巷道围岩变形和支护体受力状态的峰后劣化效应;研究了采动应力场的覆岩破裂劣化效应,揭示了覆岩裂隙带内裂隙发育程度对采动应力场演化的影响规律及其力学机制;研究了沿空掘巷的围岩应力状态与拉伸破坏发育特征、围岩变形动态演化规律及煤柱尺寸效应、围岩采动变形演化规律及煤柱尺寸效应;提出了"控帮护巷"支护原理,通过扩大巷帮锚固深度改善巷道围岩应力状态和力学性质,有效控制巷帮变形。

　　本书可供采矿工程、土木工程等专业的工程技术人员、科研人员及高校师生参考使用。

图书在版编目(C I P)数据

　　煤矿巷道围岩破裂劣化效应与沿空掘巷围岩控制 /
蒋力帅等著.—徐州 : 中国矿业大学出版社,2020.10
　　ISBN 978-7-5646-4795-7

　　Ⅰ.①煤… Ⅱ.①蒋… Ⅲ.①煤矿-巷道围岩-破裂
-劣化②沿空巷道-巷道围岩-围岩控制 Ⅳ.①TD263

　　中国版本图书馆 CIP 数据核字(2020)第 145688 号

书　　名	煤矿巷道围岩破裂劣化效应与沿空掘巷围岩控制	
著　　者	蒋力帅　徐　清　王庆伟　冯　昊　汉尼·米特里(Hani Mitri)	
责任编辑	满建康	
出版发行	中国矿业大学出版社有限责任公司	
	(江苏省徐州市解放南路　邮编 221008)	
营销热线	(0516)83884103　83885105	
出版服务	(0516)83995789　83884920	
网　　址	http://www.cumtp.com　**E-mail**:cumtpvip@cumtp.com	
印　　刷	江苏凤凰数码印务有限公司	
开　　本	787 mm×1092 mm　1/16　**印张** 9.75　**字数** 186 千字	
版次印次	2020 年 10 月第 1 版　2020 年 10 月第 1 次印刷	
定　　价	40.00 元	

　　(图书出现印装质量问题,本社负责调换)

前　言

随着矿井开采深度和强度的不断增加,巷道围岩地质条件越来越复杂,巷道顶板安全事故频发,制约着煤矿安全高效生产。煤矿巷道围岩的力学状态往往在破坏后进入峰后劣化阶段,峰后劣化特性是围岩稳定性分析与支护优化的关键。研究工程岩体劣化与大采高沿空掘巷围岩控制原理,对完善和发展工程岩体峰后劣化机制与数值仿真方法,对工程岩体稳定性分析与控制、大采高沿空掘巷围岩控制,具有重要的理论意义和应用价值。

我国煤矿每年新掘巷道累计长度达数万千米,巷道围岩稳定性及其控制状态直接关系矿井的安全生产并影响矿井的社会、经济效益。受深部高地应力、强采动、围岩破碎等影响,巷道围岩变形和破坏现象突出,巷道断面收缩,严重影响巷道通风和运输能力,大量巷道甚至需要进行开帮卧底、反复扩巷维护,影响煤矿的安全生产。因此,煤矿巷道围岩峰后破裂劣化特性及其恶性变形破坏控制的基础理论和关键技术研究,是煤矿当前亟须研究的课题之一。

本书以赵固二矿大采高沿空掘巷期间围岩破碎、变形大和维护困难等实际工程问题为背景,采用现场实测、实验室测试、理论分析、数值模拟仿真等研究手段,对该课题进行了深入系统的研究,建立了符合煤层巷道两帮软弱围岩特征的顶板力学模型;考虑工程围岩破坏引起的裂隙扩展和松动破碎造成的岩体力学性质劣化,研究了软弱工程岩体劣化的力学机制,构建了相应模型和算法模块,探讨了岩体力学参数与采动影响的仿真模拟方法,研究了大采高工作面采动应力场演化规律,反演得到了沿空掘巷的应力环境与采动影响;以此为基础,研究了大采高沿空巷道在掘进和回采期间的围岩动态演化规律及煤柱尺寸效应,探讨了巷道围岩控制原理和支护技术。

在本书的撰写过程中,得到了中国矿业大学(北京)马念杰教授在研究思路上的启迪与指导,以及中国矿业大学(北京)刘洪涛教授、赵志强副教授,日本熊本大学 Atsushi Sainoki 副教授等的宝贵建议和大力帮助;在本书相关资料的收集过程中,得到了河南能源化工集团有限公司赵固二矿技术人员和河南理工大学同仁给予的大力支持,在此向他们表示衷心的感谢。

由于作者经验和水平所限,书中难免存在疏漏和不妥之处,恳请读者批评指正。

作　者

2019 年 11 月于青岛

目　　录

1　绪　　论

1.1　研究意义

　　能源是国民经济和社会发展的基础,目前,煤炭是我国的主要能源。2005年,煤炭分别占一次能源生产总量和消费总量的 76% 和 69%。《能源中长期发展规划纲要(2004—2020 年)》提出了明确的能源战略目标——坚持以煤炭为主体,电力为中心,继续发展油气、天然气等新能源。因此,煤炭在相当长的时期内仍将是我国的主要能源[1-3]。

　　在我国的煤炭开采中,90% 左右的煤矿采用井工开采,不论采用哪种采煤方法,均需要大量的巷道掘进及维护作业。据不完全统计,我国煤矿每年新掘巷道累计长度达数万千米,这些巷道的围岩稳定状况和维护好坏直接关系矿井的安全生产和社会、经济效益[4]。随着矿井开采深度和开采强度的不断增加,深部高地应力、强采动影响、软弱破碎围岩等地质条件复杂、支护困难巷道所占比例日益增大,巷道围岩变形和破坏现象突出,所引起的安全事故频发,巷道断面剧烈收缩严重影响巷道的通风和运输能力,制约着煤矿的安全高效生产。

　　与交通、水电、核电等领域的隧道、硐室工程支护条件不同,煤矿巷道受沉积地质环境的影响,一般多位于力学性质较差的沉积地层中,围岩常为由多种不同岩体组成的复合结构。受褶皱、断层等地质构造和节理、层理、裂隙等结构弱面影响,巷道围岩易从高应力部位或软弱结构面处破坏并扩展。煤矿巷道中 80%以上为动压回采巷道,在其服务年限内受一次甚至多次剧烈采动影响,长壁工作面回采引起的采动支承应力通常达到原岩应力的 3~5 倍,受采动影响的巷道围岩出现大范围塑性破坏区,破坏区内围岩力学性质劣化明显,进而导致巷道顶板下沉、底板鼓起、两帮移近等围岩剧烈变形。

　　煤矿巷道受到强烈采动影响以后,通常容易呈现工程软岩或地质软岩的变形破坏特征,围岩的力学状态往往进入峰后劣化阶段,因此峰后劣化特性是围岩稳定性分析与支护优化的关键。在开采深度较大、采动应力较高或煤岩体强度较低的条件下,煤矿回采巷道开挖后,浅部围岩出现不同程度的裂隙发育和扩展,造成围岩力学性能弱化、破碎、大变形甚至失稳冒落。沿空巷道掘进时处于受上区段采动影响以后的煤岩层中,围岩性质软弱,同时受本工作面采动影响,巷帮煤体和煤柱稳定性较差。大采高或综放工作面一次采出煤层厚度大,回采巷道受采动影响强烈,特别是沿空掘巷矿压显现突出,巷道支护及维护难度大。

计算机数值模拟是岩土工程、采矿工程等领域的主要研究方法之一,在工程岩体稳定性分析与支护设计中发挥着重要作用。合理严谨的工程围岩稳定性数值仿真模拟,是评估巷道围岩稳定性、进行巷道支护设计优化、指导补强支护设计及支护失效预警和保证采区安全高效生产的重要基础。岩体力学参数的确定、岩体峰后力学特性劣化及模拟算法、采空区垮落带与裂隙带的等效模拟,是采动影响与巷道稳定性仿真模拟的关键。

河南能源化工集团有限公司赵固二矿 11030 工作面主采煤层为二₁煤,工作面长度 180 m,采用走向长壁一次采全高采煤法,属于典型的大采高工作面,采用全部垮落法管理顶板。11030 工作面运输巷试验段采用大采高沿空掘巷布置方式,与 11011 工作面采空区之间留设宽度为 8 m 的煤柱。运输巷采用原支护方式及参数的地段,在工作面回采前(即仅受掘进影响),巷道围岩已经出现了大变形和严重破坏现象,如图 1-1 所示,严重影响工作面的安全高效生产。为此,需要以现场试验为基础,深入研究大采高沿空掘巷围岩应力状态、两帮煤体变形效应与围岩变形破坏机理、围岩稳定性的煤柱尺寸效应及影响规律、窄煤柱巷道围岩控制原理与对策,以提高大采高沿空掘巷的围岩控制效果,为其巷道布置和支护设计提供依据。

图 1-1　沿空巷道掘进期间围岩大变形

1.2　国内外研究现状

1.2.1　工程岩体力学特性研究现状

（1）软弱岩体力学研究现状

软弱岩体的工程特点主要有 3 个方面[5-6]：一是岩体的结构表现为软弱、破碎、松散，所处应力环境为高地应力等；二是岩体的物理和力学特征表现为低强度、强流变、易膨胀和高风化度等；三是围岩的工程特征表现为长期流变、大变形、矿压显现迅速等，造成巷道支护困难。

国际岩石力学学会定义单轴抗压强度介于 0.5 MPa 到 25 MPa 之间的岩石为软岩[7]。

郑雨天等[8-9]指出松软、松散、破碎、易膨胀、强流变、强风化及高应力的岩体统称为软岩。

何满潮等[10-12]提出软弱岩体分为地质软岩和工程软岩的概念，并对软岩的概念进行总结、扩充，将工程软岩定义为在工程力作用下能产生显著塑性变形的工程岩体；同时，依据岩体的泥质含量、结构面特性、变形机理、强度特征和塑性变形力学特点，将软岩划分为膨胀性软岩、高应力软岩、节理化软岩和复合型软岩四大类。

膨胀性软岩是指岩体物理组成中含有高膨胀性成分（如黏土等），并在非高应力（不大于 25 MPa）条件下会出现明显塑性破坏和变形的工程岩体。在工程实践中，膨胀性软岩常为泥岩等低强度、高膨胀性的岩体，可根据其膨胀性大小进一步将自由膨胀变形大于 15% 的定义为强膨胀性软岩，介于 10% 到 15% 之间的为中膨胀性软岩，低于 10% 的为弱膨胀性软岩。不同于在非高应力状态下即表现出明显塑性变形破坏的膨胀性软岩，高应力软岩仅在受较高应力（大于 25 MPa）时才表现出显著的塑性变形，其地质组成主要为砂质成分。不含或含有少量膨胀性泥质成分但节理裂隙极为发育的岩体称为节理化软岩，此类岩体的完整岩石、岩块呈现高强度的硬岩力学特征，但在节理裂隙等不连续结构弱面作用下，在工程实践中呈现明显塑性变形破坏的软岩力学特征。复合型软岩既有围岩的吸水膨胀性变形，又产生了较大的松动圈，其剪胀变形和岩石的吸水膨胀性变形都比较大，需采取防水和强力可缩性支护措施。

（2）裂隙岩体力学研究现状

随着对岩石与岩体力学研究的深入，岩体中存在的节理、裂隙、层理等不连续结构面对岩体力学特性的影响逐渐被国内外学者关注。受这些结构弱面的影响，岩体在工程中表现出的各向异性、非均质性、尺寸效应、结构效应和围压效应等直接影响岩体的力学特性。基于上述原因,国内外学者提出了多种研究节理岩体的力学特性、变形破坏机理的方法并进行了工程应用。

等效连续介质法采用均质、各向同性或正交各向同性的连续介质表征节理岩体,通过估算结构面对完整岩石强度、刚度的平均影响程度,使连续介质与节理岩体的力学特性保持等效[13],该方法广泛应用于连续介质数值模拟中。损伤力学法将岩体中结构弱面视为岩石的一种损伤,应力场影响下的结构弱面的滑移、张开即为损伤的发展、积聚和演化,用损伤变量作为岩体的一种特征,即劣化特性,用损伤演化方程表示岩体受力后的演化;在具体研究中,可将损伤劣化因素与弹性、弹塑性和黏弹性等介质使用修订本构方程的经典数值方法进行计算,该方法与等效连续介质法有相似之处,但更接近于岩体实际力学特性[14-16]。界面法最初由古德曼提出的无厚度接触单元发展而来,此后众多学者基于连续介质有限元法,提出了刚性有限元法、夹层单元法等[17-19],这些方法的主要原理均是将岩石视为连续介质,将节理视为独立的、具有一定力学特性的结构单元;该方法适合应用于研究含数量较少但结构明显的层理、节理或断层的岩体,同时结构面单元的力学参数(法向刚度、切向刚度等)需要校正后才能保证单元与实际节理裂隙的力学特性拟合度一致。

不论是等效连续介质法、损伤力学法还是界面法,其本质都是将研究对象视为连续介质。受连续介质界面法中建立独立结构面单元的启发,基于离散元法的各种块体理论被国内外学者相继提出。1971 年,康德尔提出了用以计算具有明显不连续性的节理岩体刚性块体的离散单元法[20-21],该方法中岩体被刚性结构面分割成相互独立的块体,块体本身为刚性但可沿结构面自由移动、变形,较好地再现了破裂岩块之间的相对变形、回转等,因此该方法很快得到岩土工程科技工作者的广泛认同并大量应用于实际工程研究中。康德尔随后又进一步对该方法进行完善,使其实现了块体的可变形性,能够更加真实地反映块状岩体的力学特性。著名岩石力学咨询公司 Itasca 将离散单元与边界元耦合后研发出了大型离散元数值模拟软件 UDEC 和 3DEC,分别用于二维和三维问题的数值模拟。这种数值模拟方法被公认为是目前对节理化岩体进行数值计算最有效的方法,在地下工程中得到广泛应用。与连续介质界面法类似,该方法同样存在难以准确推算节理力学参数的问题。

我国学者石根华在拓扑学原理的基础上,运用赤平极射投影和矢量运算创立了关键块体理论[22-24]。该理论中块体可以在自身无容许变形的前提下沿结构面运动,后来有学者在此基础上发展形成了概率关键块理论[25]、随机块体理论[26-27]、分形块体理论[28-29]等。随后,石根华又进一步发展了属于逆解法的不连续变形分析方法[30],即首先对目标围岩布置若干测点进行位移测定,然后通过对测点位移的计算得到被节理切割的围岩的空间位置变化及变形形态。

（3）工程围岩环境下的连续介质数值模拟研究现状

多年来，计算机数值模拟方法在诸多领域被越来越多的学者所采用，也成为煤矿采场矿山压力与岩层控制、巷道煤柱尺寸设计与围岩控制等地下工程的重要研究手段。除 UDEC、3DEC 外，FLAC、FLAC³ᴰ 也是由美国 Itasca 公司研发推出的连续介质有限差分力学分析软件，软件采用力学特性等效的方法模拟工程中软弱破碎岩体，受到国际岩土工程等领域的学术界和工业界学者的普遍认可。FLAC 和 FLAC³ᴰ 不仅在常规的数值模拟计算和分析中表现优秀，其开放性更是为用户提供了广阔的平台，用户可对模拟研究和结果分析进行改造、深化。

由于离散元法、界面法将节理视为个体独立且具有独立力学参数的结构单元，因此结构单元（即节理）的力学参数（法向刚度、切向刚度、黏聚力等）对岩体（大到宏观工程表现，小到岩块回转移动）有着非常显著的影响。而目前通过实验室测试和现场实测等手段很难获取节理准确力学参数[31-32]，所以难以估算、校正对数值模拟结果影响很大的节理力学参数是目前制约离散元数值模拟方法的主要问题。

由于煤系地层多由沉积作用形成的较软弱层状岩体组成，大量针对煤矿井工开采引起的采场与巷道矿山压力等数值模拟研究，通常采用数值模拟软件内置的莫尔-库仑模型和应变软化模型。

Shen[33] 为研究山西省浅埋软岩巷道围岩稳定性问题，通过地应力测试得到了巷道失稳的主要因素是高水平应力和低围岩强度，其采用离散元软件 UDEC 进行了煤矿软岩巷道支护优化的数值模拟分析，提出了高预紧力、全长锚固的锚杆-锚索支护方案，在井下布置了 100 m 长的试验巷道，验证了该方案具有较好的支护效果。

Bai 等[34] 针对山西朔州马家梁矿煤壁脆性破坏问题，采用离散元软件 UDEC 研究了煤样剥落形态，将其与实验室试验中的煤样破坏形态比对，提出了工作面前方顶煤的脆性破坏机理。

Shabanimashcool 等[35] 基于有限差分数值模拟软件 FLAC³ᴰ，以某煤矿为工程背景，提出了渐进式模拟长壁工作面回采过程中采空区顶板冒落—上覆岩层裂隙扩展—采空区压实的算法，并应用此算法分析了工作面回采巷道的稳定性。

Li 等[36] 针对我国某煤矿回风巷道超前工作面位置的煤与瓦斯突出问题，采用 FLAC³ᴰ 研究了双巷布置条件下煤柱的宽高比对巷道稳定性的影响。研究表明，当护巷煤柱的宽高比为 1.67 时，煤壁垂直集中应力远高于煤柱垂直集中应力，当宽高比为 2.67 时，煤壁垂直集中应力则略低于煤柱垂直集中应力，为有冲击危险的巷道的煤柱尺寸设计提供了很好的依据。

Wang 等[37]以徐州矿区张双楼矿深井沿空掘巷为工程背景,采用 FLAC^{3D}研究了煤柱破坏机理和围岩控制原理,提出了在煤柱帮补打护帮锚索的支护设计方案,并将其应用于现场试验。

近年来的有关数值模拟研究普遍将围岩定义为莫尔-库仑模型或应变软化模型,如文献[34,36-38]对较软弱的煤层赋予应变软化特性,对其他岩层选用莫尔-库仑模型,而文献[33,35,39]则对模型中所有岩层应用应变软化的力学模型。应变软化模型通过定义的力学参数(黏聚力、内摩擦角)与塑性变形的负相关关系,能够较好地模拟岩石、岩体在达到强度极限后的力学性能弱化并呈现残余强度的力学行为。

软弱、破裂岩体中岩石完整性、裂隙产状和发育程度会直接影响岩体的力学性能,这一点被许多学者认同并分别提出了岩体力学参数(尤其是杨氏模量)与裂隙发育程度的关系[40]。Hoek 等[41-42]在多年的岩体力学研究经验基础上,提出了著名的胡克-布朗(Hoek-Brown)破坏准则和利用地质强度指标GSI(geological strength index)计算岩体杨氏模量的经验估算法,这些成果经过多次完善和修订,在世界范围内的岩土力学、地下工程等领域得到普遍认可和广泛应用。Cai 等[43-44]改进和扩充了GSI 体系,提出了岩体峰后杨氏模量的计算方法和峰后残余地质强度指标 GSI_r,该体系的两个主要变量为岩石块体峰后体积 V_b^r 和残余节理状态参数 J_c^r。然而,在当前数值模拟研究广泛采用的应变软化模型中,将岩体的杨氏模量保持恒定,忽视了岩体峰后杨氏模量的变化,使模型不能准确严谨地反映许多工程岩体的力学行为。因此,考虑围岩由裂隙扩展和松动破碎所造成的岩体杨氏模量劣化,研究软弱围岩条件下的采煤工作面和巷道稳定性等具有重要的意义。

1.2.2 沿空掘巷煤柱及巷道围岩稳定研究现状

从 20 世纪 50 年代起,世界各国开展了无煤柱护巷技术的研究与应用,对沿空掘巷的矿压显现规律及围岩控制机理进行了深入系统的研究,取得了大量研究成果,这些成果在许多矿区的成功应用推动了无煤柱护巷技术的发展。

无煤柱护巷技术中,沿空掘巷的煤柱稳定性是保证工作面安全、高效生产的重要因素。因此,国内外众多学者对沿空掘巷围岩应力分布及煤柱破坏形式和机理等方面进行了深入研究[45-55],取得的研究成果主要有:第一,护巷煤柱的尺寸对沿空掘巷围岩稳定性有重要影响,具体体现在煤柱尺寸不同对巷道围岩应力状态和围岩完整性有显著影响;第二,留煤柱沿空掘巷一般位于相邻工作面回采后侧向残余支承压力区,巷道掘进对侧向支承压力区形成二次扰动,同时该区域内围岩受邻近工作面剧烈回采影响后塑性破坏程度大,因而巷道不仅在沿空掘巷期间有较大变形,在掘后稳定期仍保持一定的变形速度,即围岩具有显著蠕变特征;第三,合理的护巷煤柱尺寸可以使巷道处于应力降低区,并避开相邻工作面回采后上覆岩层剧烈运移的影响,有利于降低巷道维护难度和成本,提高采区资源采出率;第四,沿空掘巷的应力环境和维护条件均优于沿空留巷,但沿空掘巷需在相邻工作面回采完成、采空区覆岩运移基本结束、稳定大结构形成后才可进行,影响采区工作面正常采掘交替。

侯朝炯等[56-57]提出了沿空掘巷围岩大、小结构的稳定性原理,指出沿空掘巷围岩控制中,除了要适应上覆岩层大结构的回转下沉外,还要通过护巷煤柱的宽度设计及巷道支护设计等保证围岩小结构的稳定。覆岩大结构中基本顶弧形三角形关键块 B 对沿空掘巷的围岩稳定性影响最大,沿空巷道的掘进对覆岩大结构影响甚微,但当本工作面开始回采时,大结构关键块将在剧烈采动影响下发生回转、下沉,大结构失稳使沿空巷道掘进期间变形量激增。护巷煤柱宽度和沿空掘巷围岩支护对小结构的稳定性起关键作用。

柏建彪等[58-60]建立了沿空掘巷上覆岩层力学模型,分析了基本顶三角块结构在沿空掘巷服务年限内不同阶段的稳定性,认为稳定的基本顶三角块结构是保证沿空掘巷围岩稳定的重要前提;采用数值模拟手段研究了不同支护条件、煤体强度对沿空掘巷煤柱稳定性的影响,总结了煤柱稳定性和支护强度对巷道围岩变形的影响,并对合理煤柱宽度进行了优化研究;研究了巷道支护与围岩的相互作用关系,提出了沿空掘巷合理支护主要参数和技术,构建了沿空掘巷围岩稳定和控制技术的理论体系,这些研究成果为工程实践提供了重要依据。

郑西贵等[61-62]以淮南谢桥矿为工程背景,采用数值模拟方法研究了沿空巷道在掘进扰动和工作面采动影响下,不同煤柱宽度时巷道煤壁帮和煤柱帮的围岩应力和位移分布,认为沿空掘巷煤柱宽度的确定应同时考虑掘巷影响和工作面采动影响。

谢广祥等[63-64]同样以谢桥矿为工程背景,在大量现场观测的基础上,通过理论计算,得出了沿空掘巷煤柱内部集中应力峰值及其位置的解析解,认为沿空掘巷煤柱宽度设计中应充分考虑煤层倾角和应力集中位置。

1.2.3 煤层巷道围岩控制研究现状

(1)煤层巷道顶板力学模型研究现状

煤炭形成的地质沉积演化过程是井工煤矿围岩呈层状特征的根本原因[65],岩层间离层的发生和扩张使岩层近似为独立或组合的岩梁[66],因此大量国内外学者通过建立梁的力学模型来研究巷道层状顶板的失稳机理和控制对策。

Bakun-Mazor 等[67]将直接顶看作连续的固支梁,并通过不连续变形分析方法建立 FracMan 和 DDA 模型研究顶板稳定性;刘洪涛等[68]运用顶板结构探测仪获取顶板结构与高冒顶风险区域,建立了顶板岩梁的固支梁和简支梁模型,分别计算顶板极限跨度,逐层判别稳定岩层,将稳定岩层高度作为冒顶隐患级别分类的指标;杨吉平[69]建立了巷道薄层互层顶板岩梁力学模型,将顶板岩梁简化为平面应变状态的弹性连续梁,对比分析了两端简支和固支两种边界条件下的顶板弯曲变形和破坏临界应力,并研究了简支梁和固支梁状态下跨厚比对岩梁破坏的影响规律;贾后省等[70]建立了大跨度切眼厚岩梁顶板力学模型,认为顶板初次断裂时,顶板前后端支承线分别位于实体煤壁和采空区一侧煤壁,前端支承线位于煤壁之上,后端支承线位于切眼采空区一侧煤壁之上,从而将模型视为两端固支梁,研究了大跨度切眼顶板垮落的动态力学机制。

尽管简支梁和固支梁模型在层状顶板稳定性分析的理论研究中被广泛使用,但其假设梁支点处无垂直位移,并不适用于两帮为软弱煤体的煤巷顶板。不同于岩巷等其他巷道,煤层巷道直接顶岩梁的支座往往为两帮煤体。Sun等[71]通过对50个煤矿的90个煤层中提取的4 000多个岩样进行力学试验和数据归纳,建立了一个煤矿围岩力学参数数据库。其中大多数煤体的单轴抗压强度小于34 MPa、抗拉强度小于2.7 MPa。巷道的开挖打破了原岩的三向应力状态,引起巷道围岩应力的重新分布,在巷道两帮形成垂直集中应力,使得两帮煤体更软弱易碎,因此在顶板的梁模型中,需要将两帮(支座)的变形考虑在内。

基于以上考虑,国内外学者进行了大量研究,Adler[72]建立了将两帮岩体视为封闭弹簧的弹性基础梁模型,但模型中两侧弹性基础仅受顶板自重荷载,因此其弯矩计算结果小于简支梁和固支梁模型;王金安等[73]以坚硬顶板下的房柱式和条带式开采为背景,建立了表征采空区内矿柱支撑顶板的弹性基础板力学模型,研究了顶板不同阶段的破断模式与突变失稳的力学过程;何富连等[74]建立了均布荷载下的巷道顶板弹性基础梁力学模型,推导了煤巷顶板下沉量、顶板岩梁弯矩的特征函数公式,分析了顶板下沉量、顶板岩梁弯矩随巷道跨度的变化关系。

因此,在煤层巷道稳定性分析中,需要真实反映煤体的软弱易碎特征和巷道开挖后围岩应力分布,建立容许支座变形和受非均布荷载的顶板岩梁模型,才能较真实地从力学模型中反映煤层巷道顶板的实际工程特性,从而为深入研究顶板稳定性、破坏机理和控制技术提供可靠的保证。

(2)巷道围岩控制理论与技术研究现状

煤矿地下开采的特殊地质条件决定了巷道围岩支护技术的复杂性,国内外学者对巷道围岩支护理论也进行了大量探索,得到了许多宝贵的研究成果,如锚杆支护的悬吊理论、组合梁理论、新奥法、最大水平应力理论、围岩松动圈支护理论等。

于学馥等[75-76]提出了研究围岩稳定性问题的轴变论,即巷道轴比变化对围岩变形和破坏起重要控制作用,并阐述了围岩稳定的"等应力轴比""应力分布轴比"和"围岩稳定轴比"三规律,讨论了巷道轴比与围岩稳定的关系。

方祖烈[77]根据十多年来软岩巷道大量现场实测资料,提出了主次承载区巷道维护理论,认为软岩巷道开挖后出现的围压拉压域分布是围岩力学形态变化的重要特征,围岩支护的主承载区为压缩区域,次承载区为支护形成的张拉区域,在主次承载区的共同作用下实现围岩稳定。拉压域在深部软岩巷道围岩中普遍存在,随围岩结构、性质以及支护方式、参数的不同而改变,是围岩变形破坏的重要特征之一。

何满潮等[78-79]经研究发现,巷道围岩破坏并非瞬时破坏,而是一个具有时间和空间效应的渐进力学过程,从空间上讲即从某一个或几个部位的岩体开始发生损伤、破坏和变形,进而发展成围岩或支护体的整体失稳,这些最先破坏的部位即关键部位,据此提出关键部位耦合支护理论;研究总结了 4 种关键部位产生的力学机理,即强度不耦合、正向刚度不耦合、负向刚度不耦合、结构不耦合,提出了关键部位的特征和识别准则;提出了围岩与支护刚度和强度耦合的支护思想,认为充分释放的碎胀等非线性能量能够最大限度维持围岩承载能力,实现围岩与支护的荷载均匀化和支护一体化,最终使支护结构拥有充分的柔度以适应围岩大变形,同时支护结构又有足够的刚度控制围岩进一步变形破坏。

侯朝炯等[80]研究揭示了锚杆支护的作用原理和围岩加固实质,提出了围岩强度强化理论,认为锚杆支护的实质是锚杆和受锚岩体通过相互作用形成统一承载结构,锚杆支护可以提高锚固岩体破坏前后的力学参数(杨氏模量、黏聚力和内摩擦角),有效改变围岩的应力状态,从而提高围岩承载能力;通过相似材料模拟试验得到锚固岩体的力学性质和锚固效应与锚杆支护强度及密度呈正比,为锚杆支护机理提供了理论依据。

蒋金泉等[81-82]基于工程扰动下巷道复合围岩呈现的非匀称变形破坏现象,提出了围岩弱结构的概念,认为弱结构对围岩破坏和变形演化形态有重要作用,并按照地质复合结构和工程应力环境将围岩弱结构分为岩性弱结构、几何弱结构和应力弱结构三大类以及十一种弱结构形式。与关键部位耦合理论相似,他们认为围岩首先从弱结构处发生破坏并进一步恶化扩展使围岩整体发生灾变失稳,导致支护失效;并提出了旨在改善弱结构体的力学性能与局部围岩应力状态的非匀称控制理念,以控制弱结构的变形破坏,促使围岩和支护体形成共同承载结构。

1.3 主要研究内容、研究方法和技术路线

1.3.1 主要研究内容和方法

在总结和分析国内外已有相关研究成果的基础上,以赵固二矿大采高沿空

掘巷为工程背景,本书的主要研究内容和研究方法如下:

(1) 大采高沿空掘巷围岩变形破坏特征

通过煤岩物理力学参数试验,研究目标巷道围岩力学特性,根据现场试验巷道的围岩变形监测,分析大采高沿空掘巷的围岩变形破坏特征,为理论分析、破裂岩体劣化模型及围岩控制原理研究提供实际依据。

(2) 煤层巷道基础刚度效应

基于煤巷两帮软弱煤(岩)体在垂直集中应力作用下表现出的非刚性或可变形性,将巷道两帮视为 Winkler(温克勒)基础,建立顶板弹性基础悬梁模型,推导巷道顶板的弯矩和挠度解析解表达式。以具体工程地质条件为背景,采用胡克-布朗破坏准则和 GSI 分级确定岩体力学参数,选取多种顶板结构作为算例,研究巷帮变形基础支撑下的顶板弯曲变形特征。研究顶板跨中弯曲变形与直接顶抗弯刚度、基础刚度、基础厚度、两侧垂直集中应力及巷道跨度的变化规律,揭示煤层巷道顶板的基础刚度效应。

(3) 工程岩体拉伸劣化及数值模拟方法

基于岩石峰后破裂的力学特性和应变软化模型的软化特征分析,探究工程岩体拉伸破裂后杨氏模量劣化的力学机制,揭示其在工程围岩稳定性仿真模拟中的重要意义和价值。建立岩体拉伸劣化关系式,分析岩体残余杨氏模量 E_r 与裂隙发育程度 GSI_t 的量化关系,研究拉伸劣化系数 A 的量化计算方法,通过现场实测或理论经验评估劣化程度。设计拉伸劣化的算法流程,对 FLAC^{3D} 内置的应变软化模型进行二次开发,增加拉伸劣化算法,形成工程岩体劣化模型。以具体工程的地质条件和岩石力学试验数据为基础,采用理想弹塑性、应变软化和工程岩体劣化三个模型进行数值模拟,并与现场实测结果进行对比分析,研究巷道围岩变形和支护体受力状态的峰后劣化效应,验证工程岩体劣化模型与模块的正确性。

(4) 大采高工作面采动应力场演化规律

基于采动覆岩结构特征,分析覆岩开采扰动范围预测方法,研究采空区垮落带岩体压实过程的力学特性及其表达式,采用双屈服模型进行采空区模型参数反演,得到可以正确反映垮落带岩体压实特性的模型参数。基于大采高工作面工程地质条件,采用二次开发的工程岩体劣化模型和垮落带双屈服模型反演参数,研究采高对采动应力场演化的影响规律,探究采动应力场的覆岩破裂劣化效应,分析覆岩裂隙带内裂隙发育程度对采动应力场演化的影响规律及其力学机制。

(5) 大采高沿空掘巷围岩动态演化规律与煤柱尺寸效应

以大采高工作面为背景,建立沿空掘巷不同煤柱宽度三维数值模型,采用工程岩体劣化模型和参数反演后的垮落带双屈服模型,进行掘进、支护及采动影响的动态仿真模拟,研究沿空掘巷的围岩应力状态与拉伸破坏发育特征、围岩变形动态演化规律与煤柱尺寸效应、围岩采动变形演化规律与煤柱尺寸效应,通过综合分析优化沿空掘巷煤柱尺寸。

(6)大采高软弱围岩沿空掘巷控制原理与支护对策

基于巷道基础刚度效应、锚固支护理论和控帮支护现场试验,研究大采高沿空掘巷围岩控制原理,在原支护方案及试验效果的基础上,进行支护设计优化,研究分析不同支护方案在大采高沿空巷道掘进和回采期间的围岩变形破坏特征和控制效果,提出科学合理的支护方式。

1.3.2　技术路线

在广泛调研国内外相关领域研究现状的基础上,采用现场试验与实测分析、实验室测试、理论分析、数值模拟仿真等研究手段,综合弹塑性力学、采矿学、数值有限差分法、计算机编程等领域知识,对课题内容进行深入系统的研究,具体技术路线如图 1-2 所示。

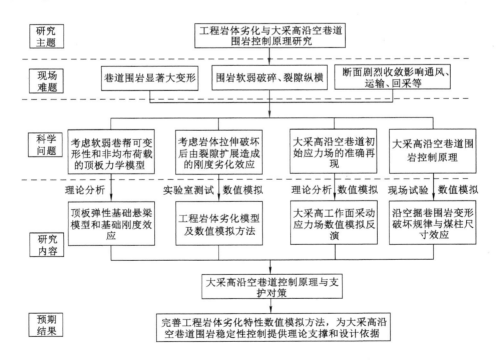

图 1-2　技术路线图

1.4 本章小结

（1）介绍了煤矿回采巷道的工程特点和控制难点。

（2）介绍了国内外在工程岩体力学特性、沿空掘巷煤柱稳定性和煤层巷道围岩控制领域的研究现状。

（3）介绍了本书课题研究的主要研究内容、研究方法和技术路线。

2 大采高沿空掘巷围岩变形破坏特征

为了准确掌握大采高沿空掘巷的围岩变形规律和破坏特征,选取赵固二矿二₁煤层进行了沿空掘巷的现场试验研究。通过煤岩力学试验和现场围岩变形监测,研究得到了大采高沿空掘巷围岩力学特性、围岩变形破坏特征,发现沿空留 8 m 煤柱时沿空掘巷围岩变形破坏严重,两帮和底板煤体呈现大变形和强蠕变特征,巷道支护及维护难度大。需要进一步深入研究大采高沿空掘巷两帮煤体变形效应与围岩变形破坏机理、煤柱尺寸效应、大采高窄煤柱巷道围岩控制原理与对策,为巷道布置和支护设计提供依据。

2.1 现场试验工程背景

2.1.1 矿井简况

赵固二矿位于太行山南麓,焦作煤田东部。该井田区域内地势平坦,交通便利。矿井设计年生产能力为 180 万 t,服务年限 55.5 年,矿井地质储量 3.39 亿 t,设计可采储量为 1.4 亿 t。矿井采用立井开拓、带区式准备方式和中央并列式通风,采煤工艺为综合机械化开采,采用后退式全部垮落法管理顶板。

2.1.2 大采高工作面工程地质与技术条件

赵固二矿二₁煤采用大采高开采工艺,为提高资源采出率,在 11030 工作面运输巷进行了小煤柱沿空掘巷的试验研究。

11030 工作面主采煤层为二₁煤,煤层倾角为 $0° \sim 11°$,平均厚度为 6.16 m。煤层结构简单,层位稳定,煤质单一、变化小,全区可采,属近水平稳定厚煤层。区内二₁煤为优质无烟煤,据钻孔煤芯资料统计,块煤产率达到 80%,视密度为 1.52 t/m³。工作面开采深度平均为 652 m。二₁煤层直接顶岩性以泥岩、砂质泥岩为主,占赋煤面积的 70%,基本顶以粉砂岩、细粒砂岩为主;底板以砂质泥岩为主,到 L9 灰岩顶面之间的岩层组合厚度较小。工作面煤岩综合柱状图如图 2-1 所示。经探测得到的二₁煤层部分区域巷道顶板岩层剖面如图 2-2 所示。

柱状	名称	层厚/m	岩 性 描 述
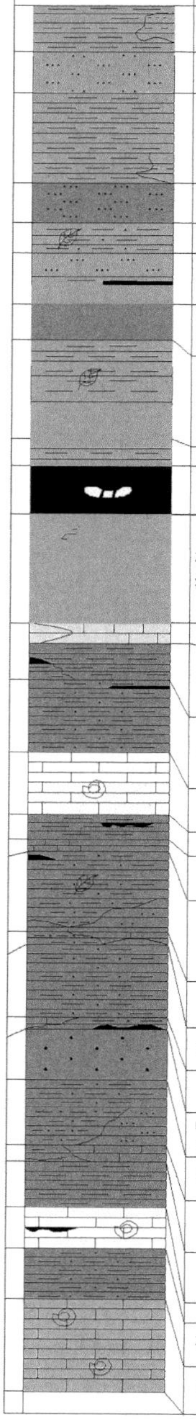	小紫泥岩	5.53	浅灰—深灰色,局部夹杂砂质泥岩,产植物化石碎片,含铝质及菱铁质鲕粒,具斜层理。
	中-细粒砂岩	5.00	深灰色,成分以石英为主;含长石及暗色矿物,局部具泥质包体,含直径4～15 mm泥质胶结。
	泥岩	10.97	灰色具鲕状,中夹黑色泥岩薄层,产植物化石碎片,下部为黑色砂质泥岩。
	香炭砂岩	5.76	黑灰色,成分以长石石英为主,硅泥质胶结,含菱铁质及泥质包体。
	砂质泥岩	8.08	黑色,顶部为泥岩,夹缓波状层理薄层砂岩。
	细粒砂岩	7.08	灰黑色颗粒,成分主要是石英,并含长石及暗色矿物,夹有中粒砂岩,灰色,成分以石英为主,长石灰暗色矿物次之,层面富集泥岩条带和二₃煤层。
	大占砂岩、粉砂岩	0.87～2.32	含白云母片,分选中等,显斜层理硅泥质胶结,石英颗粒从上到下由细变粗,是见二₁煤的主要标志。
	砂质泥岩、泥岩	13.17～13.98	黑色,含云母片,有时局部夹薄层砂岩,含鲕状和豆状菱铁质结核及黄铁矿结核,产植物化石。
	泥岩	0.50～3.43	黑色,局部炭质,水平层理,植物化石较多。
	二₁煤	5.62～6.65	黑色亚金属光泽,块状,少量粉状,煤层结构简单,部分含一层夹矸。
	砂质泥岩、泥岩	11.27～13.98	深灰色,上部产植物化石,下部含白云母碎片和菱铁质,具水平层理,含二₀煤层。
	L9灰岩	1.94～2.05	深灰色,局部产鲢科化石,发育的裂隙被方解石脉充填,灰岩有时分为二层或尖灭被泥岩替代。
	泥岩	5.23	深灰色,上部有薄层菱铁质泥岩,性脆坚硬。
	砂质泥岩	9.21～11.20	灰黑色,呈水平层状,含少量白云母片,中下部有一层菱铁质泥岩,裂隙充填方解石脉比重大,底部为薄层泥岩,顶部偶见一₉煤层位。
	L8灰岩	8.22～8.61	灰色,深灰色,隐晶质结构,含有燧石,具裂隙及方解石脉,含星点状黄铁矿。
	泥岩	1.88	黑色,含炭质,上部夹砂质泥岩及薄煤层一层。
	L7灰岩	5.70	灰色,隐晶质,含大量动物化石,下部有时为砂质泥岩或薄煤层。
	砂质泥岩	19.71	灰、深灰色,含白云母片及植物化石,显水平层理,底部常为灰黑色中粒砂岩,石英含量增高,并含黄铁矿晶体。
	L6灰岩	2.33	灰色,致密坚硬,含燧石结核,底部有时为砂质泥岩或薄煤层一层。
	砂质泥岩	3.09	深灰色,上部为泥岩,中下部为薄层细砂岩,含白云母片及植物化石。
	L5灰岩	4.98	深灰色,性脆坚硬不稳定,有时相变为泥岩或砂质泥岩。
	中-粗粒砂岩	1.63	浅灰色,成分以石英为主,长石及暗色矿物次之,局部含巨粒砂岩,分选性较差。
	砂质泥岩	0.26	深灰—灰黑色,顶部为薄层泥岩,中下部夹细砂岩。
	L4灰岩	2.68	灰黑色,隐晶质含鲢科化石,下部有时为泥岩或薄煤层一层。
	泥岩	7.14	灰黑色,上部为中粒砂岩,成分以石英为主,下部黑色泥岩,具星点状黄铁矿。
	L3灰岩	12.53	灰色,致密坚硬,含鲢科化石,偶夹薄煤层一层。
	砂质泥岩	0.08	灰—黑色,含黄铁矿结核,中间夹有薄层细砂岩。
	L2灰岩	14.31	灰—深灰色,隐晶质,致密坚硬,含燧石条带,产大量鲢科化石,具裂隙及小溶洞。

图 2-1　11030 工作面煤岩综合柱状图

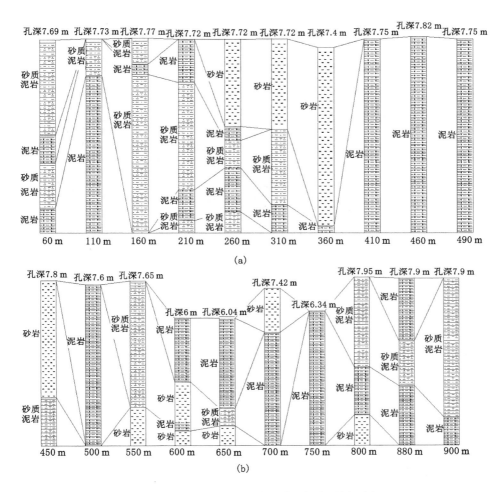

图 2-2 二₁煤层部分区域巷道顶板岩层剖面图

11030 工作面长 180 m,采用走向长壁一次采全高采煤法,属于典型的大采高工作面,采用全部垮落法管理顶板,工作面架后铺设塑料网假顶。工作面两侧分别为 11011 工作面采空区和正在回采的 11050 大采高工作面。11030 工作面运输巷试验段采用大采高沿空掘巷布置方式,与 11011 工作面采空区之间留设宽度为 8 m 的煤柱,11030 工作面回风巷与 11050 工作面之间留设宽度为 30 m 的煤柱,如图 2-3 所示。

相邻 11011 工作面开采实践表明,该工作面地质条件简单,将揭露 3 条断层。在运输巷道通尺 351 m 处的 F107 断层,倾向 203°,倾角 63°,落差 1.2 m;

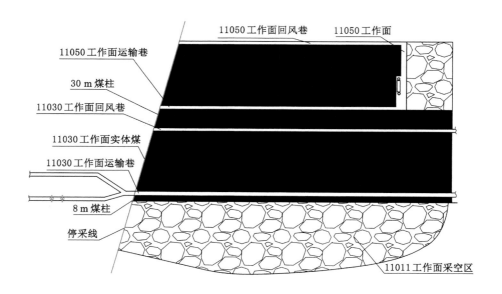

图 2-3　11030 工作面布置示意图

通尺 837 m 处的 F109 断层,倾向 186°~201°,倾角 45°~59°,落差 1 m;通尺
1 376 m 处的 F111 断层,倾向 122°,倾角 45°,落差 1 m。断层落差小,对工作
面开采基本没有影响。

2.1.3　大采高沿空掘巷工程技术概况

11030 工作面运输巷沿煤层顶板掘进,巷道断面为矩形,掘进尺寸(宽度×
高度)为 4 800 mm×3 300 mm。沿空掘巷试验段的原支护设计如图 2-4 所示,
一次支护采用锚杆-锚索联合支护,在巷道变形严重、高冒顶隐患处以及超前工
作面 20 m 范围内,采用单体液压支柱进行二次补强支护。

锚杆技术参数:采用 ϕ20 mm×2 400 mm 的高强螺纹钢锚杆,顶板锚杆间排
距为 800 mm×900 mm,CK2360、Z2360 型锚固剂各一卷,锚固长度为 1 200 mm;
两帮锚杆间排距为 900 mm×900 mm,CK2345、Z2345 型锚固剂各一卷,锚固长度
为 900 mm。两帮锚杆配合 δ10 mm×150 mm×150 mm 托盘和 W 形钢带使用,
顶板锚杆配合 δ10 mm×150 mm×150 mm 托盘和钢筋梯使用。锚杆锚固力不小
于70 kN,螺帽扭矩不低于 150 N・m。

锚索技术参数:顶板锚索尺寸为 ϕ21.6 mm×8 250 mm,间排距为 1 300 mm×
900 mm,CK2360、Z2360 型锚固剂各两卷,锚固长度为 2 400 mm。锚索预紧力不
低于 100 kN(压力表读数为 30 MPa),锚固力不小于 200 kN。

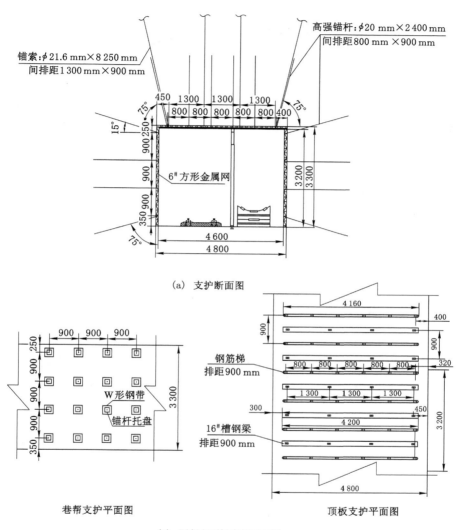

（a）支护断面图

卷帮支护平面图　　　　顶板支护平面图

（b）两帮和顶板支护平面图

图 2-4　11030 工作面运输巷支护设计图

采用 DW35-200/100 型单体液压支柱加强支护，顺巷道方向支设，间距
1 000 mm，初撑力不小于 100 kN。液压支柱顶梁采用长度 4 000 mm 的 Π 形
钢梁，底梁采用 2 根长度 3 300 mm 的工字钢梁，Π 形钢顶梁与工字钢底梁顺
巷道方向布置。柱顶配防倒链一条，成排支设的液压支柱使用防倒绳统一
连接。

2.2　试验巷道围岩物理力学性质

　　岩石物理力学性质是进行围岩稳定性分类与支护设计、边坡优化设计与稳定性评价、地下工程设计的重要依据。由实验室试验获取的岩石物理力学参数是估算岩体力学参数、计算理论解析解和数值模拟等研究的关键基础数据。

　　巷道岩石试样采自赵固二矿二$_1$煤层顶板 20 m 和底板 15 m 范围，按照《煤和岩石物理力学性质测定的采样一般规定》(MT 38—1987)加工成标准试样。采用 RMT-150 型伺服试验机分别进行了单轴压缩、常规三轴压缩、巴西劈裂等岩石力学试验，测定了二$_1$煤层及其不同层位顶底板岩石的自然视密度、抗拉强度、抗压强度、杨氏模量等参数。部分试样及试验后的破坏形态如图 2-5 所示，岩石力学试验测得的煤岩物理力学参数见表 2-1。

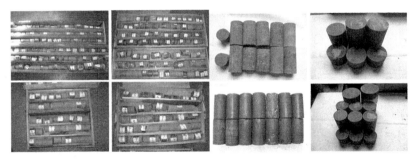

　　　(a)　二$_1$煤层岩芯　　　　　　　　　(b)　岩石试样

(c)　试验后破坏形态

图 2-5　部分试样及试验后的破坏形态

表 2-1　煤岩物理力学参数

岩石层位	岩性	视密度 /(kg/m³)	抗拉强度 /MPa	抗压强度 /MPa	杨氏模量 /GPa	泊松比
顶板	砂岩	2 718～2 841 / 2 777	9.46～11.70 / 10.91	71.6～99.4 / 83.6	17.6～49.7 / 31.6	0.24～0.35 / 0.28
	砂质泥岩	2 582～2 618 / 2 591	1.84～3.96 / 2.81	43.7～48.1 / 46.2	9.1～11.9 / 10.4	0.20～0.31 / 0.25
	泥岩	2 718～2 841 / 2 777	1.76～3.32 / 2.34	32.5～47.7 / 38.2	7.7～11.4 / 9.5	0.23～0.32 / 0.29
二₁煤层	煤	1 413～1 445 / 1 435	0.12～1.23 / 0.72	15.7～25.4 / 20.4	2.19～3.22 / 2.81	0.30～0.49 / 0.37
底板	砂质泥岩	2 600～2 678 / 2 629	1.23～3.17 / 2.47	22.0～61.2 / 41.8	5.5～12.6 / 9.9	0.21～0.28 / 0.23
	石灰岩	2 754	13.52	99.6	82.6	0.22

从表 2-1 可以看出,在二₁煤层顶底板中,砂岩和石灰岩的抗压强度、抗拉强度、杨氏模量等力学参数均明显大于泥岩和砂质泥岩,其为具有较高完整性和强度的坚硬岩石。泥岩和砂质泥岩物理力学性质差距较小,属于中硬岩石,但从较低的抗拉强度可知,顶底板泥岩和砂质泥岩的节理裂隙较发育。

二₁煤的抗压强度为 15.7～25.4 MPa,抗拉强度为 0.12～1.23 MPa,杨氏模量为 2.19～3.22 GPa,属于中等偏硬类煤层。

2.3　大采高沿空掘巷围岩变形特征

2.3.1　大采高沿空掘巷围岩变形破坏状态及监测

11030 工作面运输巷为大采高沿空掘巷试验巷道,留设煤柱宽度为 8 m。工作面回采前,运输巷受掘进影响后,巷道围岩出现了大变形和严重破坏现象。如图 2-6 所示,巷道围岩破碎失稳、裂隙纵横;顶板下沉量大、两帮移近和底鼓现象严重,部分位置围岩移近量超过 1 200 mm,需反复人工扩帮、起底以维持巷道正常使用;顶板出现大变形"网兜",存在漏顶、冒顶隐患。工作面回采前巷道产生严重的变形破坏,极大地影响了矿井安全高效生产。

为深入研究大采高破碎围岩沿空掘巷的变形破坏机理,为类似条件的巷道布置及支护设计提供指导和依据,开展了 11030 工作面运输巷围岩变形监测作业,为巷道破坏机理和控制对策研究提供翔实可靠的现场实际资料。

图 2-6   沿空巷道掘进期间围岩大变形

巷道围岩表面位移是衡量围岩稳定性、支护可靠性等工程研究最直接的指标。为监测巷道围岩变形，紧随巷道掘进工作面布置表面位移测站，在 11030 工作面运输巷通尺 110~812 m 范围布置测站 42 个，成巷后在各测站即开始采用十字布点法进行巷道顶底板移近量及两帮移近量测量，如图 2-7 所示。

图 2-7   巷道表面位移实地监测作业

2.3.2   大采高沿空掘巷围岩变形过程

沿空巷道掘进期间对 11030 工作面运输巷 42 个表面位移测站进行数个月连续监测，其中测站 11、测站 24、测站 35 和测站 41 的围岩表面位移曲线如图 2-8 所示。

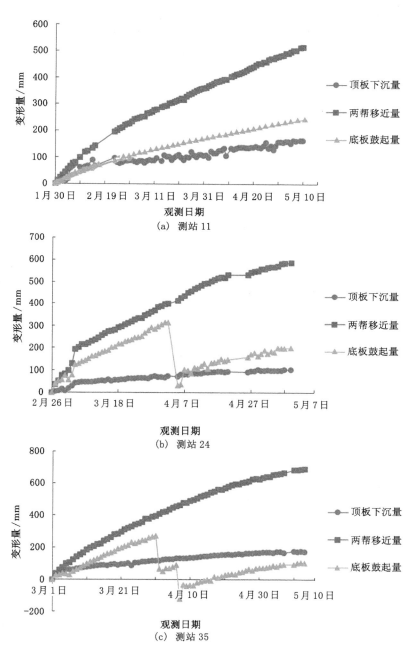

(a) 测站 11

(b) 测站 24

(c) 测站 35

图 2-8 围岩表面位移曲线

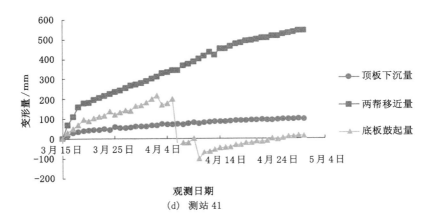

（d）测站 41

续图 2-8　围岩表面位移曲线

图 2-8(a)为布置于沿空掘巷通尺 255 m 处测站 11 的围岩表面位移曲线,监测时段为 1 月 30 日至 5 月 10 日,共 100 天,其中 2 月 15 日至 2 月 23 日测点被物料遮挡而无法测量致使数据缺失。可见,监测期间巷道围岩持续变形且变形剧烈,两帮煤体变形最为显著,移近量达到 517 mm,平均移近速率为 5.2 mm/d;底板变形次之,底鼓量为 240 mm,平均底鼓速率为 2.4 mm/d;顶板下沉量相对前两者较小,下沉量为 163 mm,平均下沉速率为 1.6 mm/d。

图 2-8(b)为布置于沿空掘巷通尺 529 m 处测站 24 的围岩表面位移曲线,监测时段为 2 月 26 日至 5 月 9 日,共 72 天,其中 4 月 20 日至 4 月 27 日测点被物料遮挡致使数据缺失。可见,监测期间两帮及底板持续变形且变形剧烈,两帮煤体变形最为显著,移近量达到 587 mm,平均移近速率为 8.2 mm/d;底板变形严重,为保证巷道正常使用于 4 月 3 日至 4 月 4 日进行人工起底作业,监测期间累计底鼓量为 476 mm,平均底鼓速率为 6.6 mm/d;顶板下沉量较小,下沉量为 103 mm,平均下沉速率为 1.4 mm/d。

图 2-8(c)为布置于沿空掘巷通尺 734 m 处测站 35 的围岩表面位移曲线,监测时段为 3 月 1 日至 5 月 13 日,共 73 天,其中 5 月 7 日至 5 月 10 日测点被物料遮挡致使数据缺失。可见,监测期间两帮移近量达到 691 mm,平均移近速率为 9.5 mm/d,两帮煤体变形剧烈;底板变形严重,于 3 月 31 日和 4 月 7 日两次进行人工起底作业,监测期间累计底鼓量达到 522 mm,平均底鼓速率为 7.2 mm/d;顶板下沉量相对前两者较小,下沉量为 173 mm,平均下沉速率为 2.4 mm/d。

图 2-8(d)为布置于沿空掘巷通尺 802 m 处测站 41 的围岩表面位移曲线,监测时段为 3 月 15 日至 4 月 30 日,共 46 天。可见,该测站与前 3 个测站围岩

变形规律相同,两帮煤体变形最为剧烈,移近量达到 545 mm,平均移近速率为 11.8 mm/d;前期底鼓变形严重,为保证巷道正常使用于 4 月 5 日和 4 月 9 日进行人工起底作业,监测期间累计底鼓量为 370 mm,平均底鼓速率为 8.0 mm/d;顶板下沉量较小,为 98 mm,平均下沉速率为 2.1 mm/d。

2.3.3 大采高沿空掘巷围岩变形特征

通过 11030 工作面沿空掘巷围岩位移过程的实际监测分析,可以得到大采高沿空掘巷的围岩变形特征。

(1) 留设煤柱宽度 8 m 沿空掘巷试验条件下,巷道掘进以后围岩始终发生持续变形,并保持一定的变形速率,且变形速率随时间推移并没有明显减小。即 8 m 煤柱沿空掘巷发生了持续蠕变变形,处于不稳定变形状态。

(2) 沿煤层顶板沿空掘巷试验中,顶板岩层为泥岩和砂质泥岩,而两帮和底板均为力学性质相对软弱的煤体。沿空掘巷影响期间,两帮和底板变形量显著大于顶板下沉量,两帮和底板煤体的变形量大,蠕变性强。两帮移近量高达 517～691 mm,平均移近速率 5.2～11.8 mm/d;顶板下沉速率平稳,下沉变形量较小,但部分地段顶板破碎而产生大变形"网兜"。

(3) 沿空留设 8 m 煤柱和原支护设计的现场试验表明,巷道变形不能满足生产要求,掘进期间需要进行起底,工作面回采前需要超前进行大规模扩帮,影响了生产效率,增加了生产成本。

2.4 本章小结

(1) 介绍了大采高沿空掘巷试验的工程地质和技术条件,通过煤岩物理力学参数测试试验,分析了试验巷道的围岩力学性质。

(2) 分析了试验巷道围岩变形破坏特征。受上区段采动应力与围岩环境的影响,8 m 煤柱沿空掘巷围岩变形破坏严重,呈现大变形和强蠕变特征,两帮和底板煤体变形量大,蠕变性强,巷道支护及维护难度大。

(3) 根据煤岩物理力学参数试验和现场围岩变形破坏特征可知,赵固二矿 11030 工作面运输巷围岩属于工程软弱围岩,需要深入研究大采高沿空掘巷围岩应力状态、两帮煤体变形效应与围岩变形破坏机理、围岩稳定性的煤柱尺寸效应及影响规律、窄煤柱巷道围岩控制原理与对策,提高围岩控制效果,为巷道布置和支护设计提供依据。

3 煤层巷道基础刚度效应

  巷道的开挖打破了原岩的三向应力状态,引起巷道围岩应力的重新分布,巷道两帮形成垂直集中应力。巷内顶板岩层处于垂直应力卸压状态,由于其层状赋存特征,受层面或层理影响而发生弯曲离层,形成以巷道两帮煤岩体为支撑基础的岩梁结构。煤矿巷道通常布置在强度较小的沉积地层,当两帮为较软弱的煤(岩)体时,在垂直集中应力作用下巷道容易出现围岩破碎、裂隙发育和显著变形,巷道两帮表现为可变形性而非完全刚性。本章建立了由可变形基础支撑的顶板悬梁结构力学模型,推导出了顶板的弯矩和挠度表达式;以赵固二矿现场工程背景为具体算例,分析了巷道顶板抗弯刚度、基础刚度、垂直集中应力、基础厚度等参数对顶板稳定性的影响规律,揭示了巷道顶板的基础刚度效应,并通过现场支护试验对理论模型与结果进行了验证。

3.1 煤层巷道顶板力学模型

3.1.1 平面应变条件下顶板稳定性分析

  地下工程中,围岩的破坏机理因地质条件、应力状态、工程技术等因素而呈现复杂多样性。对于煤矿巷道来说,由于成煤地质过程中的沉积作用,煤层覆岩结构表现为显著的层状地质特征,顶板岩层间的层理离层发育扩展,使各岩层之间表现为近似相互独立的岩梁。

  由于巷道走向长度远大于其跨度,国内外学者在对巷道顶板进行稳定性分析时普遍将三维问题简化为平面应变问题,并采用梁的力学模型。Sofianos 等[83-84]基于弹性力学,将岩梁看作刚性基础支撑的铰接拱梁,研究了硬岩环境下拱梁的力学行为,提出了 3 种顶板破坏形式,即翻转、滑移失稳和挤压破坏。刘洪涛、马念杰建立了顶板岩层稳定跨距力学模型,以简支梁和固支梁两种力学模型计算和对比了顶板极限跨距。其他学者也通过简支梁和固支梁两种模型对顶板岩梁的弯矩分布特征进行了理论分析。

  尽管简支梁和固支梁模型在顶板稳定性的理论分析中得到了广泛应用,但是这两个模型的力学假设中,支座或支撑基础为刚性,不发生变形。在分析软弱破碎围岩条件下顶板稳定性时,模型很难客观地反映巷道两帮(即支撑基础)的真实受力和变形状态,忽视了两帮变形对顶板稳定性的作用,因此存在一定的应用局限性,其影响程度主要取决于现场围岩的工程地质条件,对于深部煤层巷道或软弱煤层巷道尤为突出。

在巷道稳定性分析中,刚性支座模型能否客观有效地反映顶板受力和支撑状态,主要取决于巷道围岩的工程地质条件。图 3-1 为上湾煤矿 12$_\perp$ 煤层 301 工作面回采巷道的围岩状态,可以看到该巷道顶板并没有显著下沉,但发生了冒顶事故,而两帮煤体完整、裂隙扩展不明显,且无显著变形。对于这类两帮岩体完整性和稳定性很好的巷道,将顶板梁的支座假设为刚性体,忽略支座对顶板变形影响的力学假设或许在工程容许误差范围内是合理的。但是,当研究对象是围岩软弱破碎和深部显著大变形(尤其是两帮)的巷道,如赵固二矿 11030 工作面运输巷(见图 2-6),已经产生大变形且塑性破坏严重的两帮已经不能看作支撑顶板的刚性体,需要将两帮考虑为可变形基础,力学模型才能较真实地反映这类巷道顶板的实际工程特性,从而为深入研究顶板稳定性、破坏机理和控制技术提供可靠的保证。

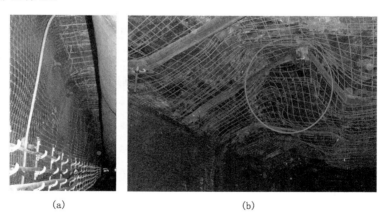

(a)   (b)

图 3-1   上湾煤矿 12$_\perp$ 煤层 301 工作面回采巷道围岩状态

由于煤层主要位于沉积地层中,煤层本身和周围岩层在强度和刚度上通常明显弱于由岩浆岩或变质岩组成的硬岩岩层。前人研究发现,大多数的煤层其煤体单轴抗压强度小于 34 MPa,抗拉强度小于 2.7 MPa,可见煤的软弱力学特性使其在巷道开挖后容易发生变形破坏。阿德勒(Adler)意识到不能将软弱煤层视为刚性体,建立了顶板受相距很近的独立弹簧组成的弹性基础支撑的巷道模型,在这个模型中,两侧弹性基础所受荷载仅考虑梁的自重荷载。王金安在研究采煤工作面顶板破断机理时,将顶板视为由弹性基础(煤层)支撑的受均布覆岩荷载的板结构。

3.1.2 Winkler 基础悬梁模型建立

地下巷道开挖后,原始的三向应力状态被打破,巷道周围应力重新分布,两侧煤体边缘首先产生变形破坏,并逐步向深部扩展,最终达到新的平衡状态。这个过程中巷道顶板离层卸压,应力转移至巷道两帮造成垂直应力集中。针对巷道两帮软弱煤体或深部煤层巷道的工程力学特征,将巷道两帮视为符合Winkler 假设的可变形基础,而巷道顶板则为在覆岩压力增量作用下,受Winkler 基础支撑的半无限长弹性基础悬梁,根据对称性原则建立力学模型,如图 3-2 所示。

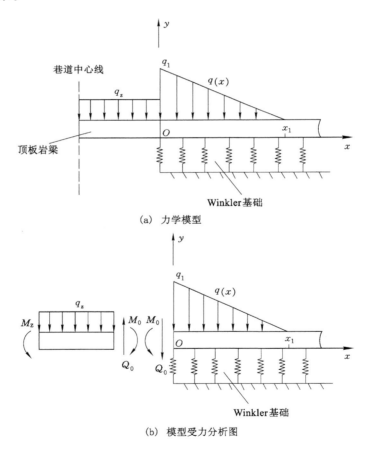

（a） 力学模型

（b） 模型受力分析图

图 3-2　巷道顶板 Winkler 基础悬梁力学模型

为便于顶板变形的理论分析,对于两帮边缘煤体的破裂与应力降低,采用荷载不降的常刚度可变形基础进行等效变形分析,仍可以使力学模型的顶板变形与工程实际相吻合。基础岩梁所受垂直应力增量由线性荷载 $q(x)$ 表示,垂直应力增量峰值 q_1 位于基础边界(即 $x=0$ 处);在巷道垂直应力影响边界 $x=x_1$ 处,荷载降为零;巷内顶板悬梁作用荷载为 q_z。模型中仅考虑开挖扰动引起的垂直应力增量,原岩应力 γH 作用下模型发生的整体变形被消去。

巷帮顶板垂直应力峰值可由式(3-1)得到[85],即

$$q_1 = (K_0 - 1)\gamma H \tag{3-1}$$

式中:γ 为上覆岩层体积力;H 为巷道埋深;K_0 为应力集中系数。

考虑煤矿顶板的层状特征,巷内悬露顶板所受的均布荷载由式(3-2)确定,即

$$q_z = \frac{E_1 h_1^3 (\gamma_1 h_1 + \gamma_2 h_2 + \cdots + \gamma_n h_n)}{E_1 h_1^3 + E_2 h_2^3 + \cdots + E_n h_n^3} \tag{3-2}$$

式中:E_n 为覆岩第 n 层岩层的杨氏模量;γ_n 为第 n 层岩层的体积力;h_n 为第 n 层岩层厚度。

模型弹性基础边界受到端部剪力 Q_0 和端部弯矩 M_0 的作用,模型悬梁边界受到中部弯矩 M_z 的作用。

3.1.3 模型求解

根据 Winkler 弹性基础梁理论,弹性基础的线性反作用力与其垂直方向位移成正比[86],即

$$p(x) = -ky(x) \tag{3-3}$$

式中:$p(x)$ 为弹性基础线性反作用力;k 为基础刚度;$y(x)$ 为弹性基础在垂直应力作用下的垂直位移(挠度)。

巷道两帮弹性基础刚度 k 在平面应变条件下,可由煤岩层的厚度及力学参数决定,即

$$k = \frac{E_c}{(1 - v_c^2)h_c} \tag{3-4}$$

式中:E_c,v_c,h_c 分别为两帮岩体的杨氏模量、泊松比和厚度。

根据图 3-2,Winkler 基础悬梁在上覆荷载和地基反作用力共同作用下的挠曲线微分方程为

$$EIy^{(4)}(x) = q(x) + ky(x), x \geqslant 0 \tag{3-5}$$

式中:y 为巷道顶板岩梁的挠度;E 为巷道顶板岩梁的杨氏模量;I 为顶板岩梁任一截面惯性矩。

为了描述基础刚度与顶板抗弯刚度之间的关系,设基础特征参数为 λ,有

$$\lambda = \sqrt[4]{\frac{k}{4EI}} \tag{3-6}$$

巷道顶板 Winkler 基础悬梁在线性荷载 $q(x)$、端部剪力 Q_0 和弯矩 M_0 的共同作用下发生挠曲，其中在 Q_0 和 M_0 作用下发生的挠度 $y_1(x)$ 为

$$y_1(x) = e^{\lambda x}(A_1\cos\lambda x + A_2\sin\lambda x) + e^{-\lambda x}(A_3\cos\lambda x + A_4\sin\lambda x) \quad (3-7)$$

对于半无限长弹性基础梁，梁的挠度随 x 增大而逐渐趋近于稳定值，在无限远处近似为 0，即 $\lim y_1(x)\to 0, \lim e^{\lambda x}\to\infty, \lim e^{-\lambda x}\to 0$。

对于 $\cos\lambda x$ 和 $\sin\lambda x$ 在无限远处不总为 0，结合弹性基础梁初参数法，求得半无限弹性基础梁在 M_0 和 Q_0 作用下的挠度 $y_1(x)$ 表达式为

$$y_1(x) = \frac{2\lambda}{k}\left[Q_0\theta(x) + \lambda M_0\psi(x)\right], x\geqslant 0 \quad (3-8)$$

并根据文献[87]，有

$$\begin{cases} \theta(x) = e^{-\lambda x}\cos\lambda x \\ \zeta(x) = e^{-\lambda x}\sin\lambda x \\ \varphi(x) = e^{-\lambda x}(\cos\lambda x + \sin\lambda x) \\ \psi(x) = e^{-\lambda x}(\cos\lambda x - \sin\lambda x) \end{cases}$$

为了得到基础梁在 $q(x)$ 作用下发生的挠度，设梁上一点 x_0 满足 $x_1\geqslant x_0\geqslant 0$，且 P 为该点基础梁所受垂直方向作用力，则该点受垂直方向作用力的挠度基本解为

当 $x\geqslant x_0$ 时，

$$y_P = \frac{P\lambda}{2k}\varphi(x-x_0) + \frac{P\lambda}{2k}\left[\theta(x_0)\theta(x) + \frac{1}{2}\psi(x_0)\psi(x)\right] \quad (3-9)$$

当 $x < x_0$ 时，

$$y_P = \frac{P\lambda}{2k}\varphi(x_0-x) + \frac{P\lambda}{2k}\left[\theta(x_0)\theta(x) + \frac{1}{2}\psi(x_0)\psi(x)\right] \quad (3-10)$$

则在上覆线性荷载 $q(x)$ 作用下的挠度表达式可通过积分得到，即

$$q(t) = \frac{x_1-x_0}{x_1}q_1 \quad (3-11)$$

$$y_2(x) = \int_0^x \frac{q(x_0)\lambda}{2k}\varphi(x-x_0)\mathrm{d}x_0 + \int_x^{x_1} \frac{q(x_0)\lambda}{2k}\varphi(x_0-x)\mathrm{d}x_0 +$$

$$\int_0^{x_1} \frac{q(x_0)\lambda}{k}\left[\theta(x_0)\theta(x) + \frac{1}{2}\psi(x_0)\psi(x)\right]\mathrm{d}x_0$$

$$= \frac{q_1}{4k\lambda x_1}\left[4\lambda(x_1-x) + \psi(x_1-x) - 2\xi(x_1)\theta(x) - \varphi(x_1)\psi(x)\right], x\leqslant x_1$$

$$(3-12)$$

根据叠加原理，基础梁在线性荷载 $q(x)$、端部剪力 Q_0 和弯矩 M_0 的共同作用下的挠度为

$$y_b(x) = y_1(x) + y_2(x), 0 \leqslant x \leqslant x_1 \tag{3-13}$$

挠曲线微分方程为

$$EI\frac{\mathrm{d}^2 y(x)}{\mathrm{d}x^2} = M(x) \tag{3-14}$$

将式(3-13)代入式(3-14)可以得到基础梁弯矩表达式为

$$M_1(x) = \frac{1}{\lambda}\left[Q_0\xi(x) + \lambda M_0\varphi(x)\right] + \frac{q_1}{8\lambda^2 x_1} \cdot$$

$$\left[\varphi(x_1 - x) - 2\xi(x_1)\xi(x) - \varphi(x_1)\varphi(x)\right], 0 \leqslant x \leqslant x_1 \tag{3-15}$$

由于巷道顶板悬伸部分受均布荷载 q_z 作用,则距原点 x 位置的弯矩 $M_2(x)$ 为

$$M_2(x) = M_z + \frac{q_z}{2}\left(\frac{B}{2} + x\right)^2, -\frac{B}{2} \leqslant x \leqslant 0 \tag{3-16}$$

式中: B 为巷道跨度。

将式(3-16)代入挠曲线微分方程(3-14)可得悬顶挠度为

$$y_z(x) = \frac{1}{EI}\left[\frac{M_z}{2}x^2 + \frac{q_z}{24}\left(\frac{B}{2} + x\right)^4 + \frac{1}{2}M_z Bx + A\right], -\frac{B}{2} \leqslant x \leqslant 0$$

$$\tag{3-17}$$

由于顶板基础梁和悬伸部分在 $x=0$ 处的变形协调条件,即 $y_b(0) = y_z(0)$,代入可得 A 的表达式为

$$A = \frac{EI}{k}\left\{2\lambda(Q_0 + \lambda M_0) + \frac{q_1}{\lambda x_1}\left[\lambda x_1 - \xi(x_1)\right]\right\} - \frac{1}{24}q_z\left(\frac{B}{2}\right)^4 \tag{3-18}$$

且有

$$Q_0 = \frac{1}{2}q_z B, M_0 = \phi_0\frac{q_z B^2}{12}$$

$$M_z = M_0 - \frac{1}{8}q_z B^2 = -\phi_z\frac{q_z B^2}{24}$$

$$\phi_0 = \frac{(\lambda B)^3 - 6\lambda B - 6R_q\eta(x_1)}{(\lambda B)^2(\lambda B + 2)}, \phi_z = 3 - 2\phi_0$$

$$R_q = \frac{q_1}{q_z}, \eta(x_1) = \frac{1}{\lambda x_1}[1 - \varphi(x_1)]$$

式中: ϕ_0, ϕ_z 分别为顶板岩梁支座处和跨中的弯矩修正系数; R_q 为最大荷载比,为顶板所受压力增量最大值与自重荷载之比。

3.1.4 巷道顶板弯矩和挠度表达式

通过 3.1.3 的公式推导,可以得到巷道顶板弹性基础悬梁模型的弯矩和位移表达式为以 $x=0$ 为分界的分段函数。

当 $0 \leqslant x \leqslant x_1$ 时,受两帮煤岩体支撑的巷道顶板弯矩 $M_1(x)$ 和位移 $y_b(x)$ 的表达式为

$$M_1(x) = \frac{1}{\lambda}\left[\frac{1}{2}q_z B\xi(x) + \phi_0 \frac{q_z B^2 \lambda}{12}\varphi(x)\right] + \frac{q_1}{8\lambda^3 x_1} \cdot$$

$$[\varphi(x_1 - x) - 2\xi(x_1)\xi(x) - \varphi(x_1)\varphi(x)] \quad (3\text{-}19)$$

$$y_b(x) = \frac{2\lambda}{k}\left[\frac{1}{2}q_z B\theta(x) + \phi_0 \frac{q_z B^2 \lambda}{12}\psi(x)\right] +$$

$$\frac{q_1}{4k\lambda x_1}[4\lambda(x_1 - x) + \psi(x_1 - x) - 2\xi(x_1)\theta(x) - \varphi(x_1)\psi(x)]$$

$$(3\text{-}20)$$

当 $-B/2 \leqslant x \leqslant 0$ 时,巷道上方悬露顶板弯矩 $M_2(x)$ 和位移 $y_z(x)$ 的表达式为

$$M_2(x) = \phi_0 \frac{q_z B^2}{12} + q_z Bx + \frac{q_z x^2}{2} \quad (3\text{-}21)$$

$$y_z(x) = \frac{1}{EI}\left\{-\phi_z \frac{q_z B^2}{48}x^2 + \frac{q_z}{24}\left(\frac{B}{2} + x\right)^4 - \phi_z \frac{q_z B^2}{48}Bx + \right.$$

$$\left. \frac{EI}{k}\left[(q_z B\lambda + \phi_0 \frac{q_z B^2 \lambda^2}{6}) + \frac{q_1(\lambda x_1 - \xi(x_1))}{\lambda x_1}\right] - \frac{1}{24}q_z\left(\frac{B}{2}\right)^4\right\} \quad (3\text{-}22)$$

3.2 煤层巷道顶板弯曲变形规律

根据赵固二矿回采巷道变形破坏特征的研究可知,二₁ 煤层围岩软弱破碎,巷道掘进后顶板及两帮都发生显著的收敛变形,与 3.1 节 Winkle 基础悬梁模型的前提和假设相符。因此,以赵固二矿二₁ 煤层的工程地质条件为背景,研究煤层巷道的顶板弯曲变形规律与基础刚度效应。

3.2.1 算例参数选取

在图 2-2 二₁ 煤层顶板岩层剖面图中,选取如图 3-3 所示的两处典型复合顶板用于理论模型的计算分析。

在岩土工程、地下工程等领域,工程岩体力学参数的确定一直是关键的科学问题之一[88]。岩体力学参数的科学合理选取是确保理论解析式求解、数值仿真模拟、现场方案设计准确性和有效性的重要前提[89]。岩体力学参数的原位测试难度大、费用高、周期长,难以大量开展,而实验室岩石试验由于试样脱离了原位岩体的赋存环境等,使测定的岩石力学性质与实际岩体相差甚远[90]。为保证数据的有效性、结果的准确性和研究的严谨性,通过 Rocscience 公司推出的基于胡克-布朗强度准则的岩体强度分析软件 Roclab,以实验室试验所获得的煤岩力

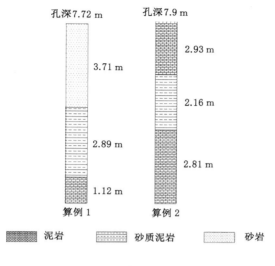

图 3-3 算例顶板结构

学参数为基础数据,对数值模拟分析、理论计算分析所涉及的岩体力学参数进行
计算。Roclab 软件以胡克-布朗强度准则的最新版本为理论基础,用户可以通过
输入完整岩石的力学参数和岩体结构面特征等参数,获得可靠的岩体力学参数,
并可以在破坏包络线上直观地观察岩体参数变化的效果[91]。将测试得到的煤
岩力学参数录入 Roclab 软件,得到理论计算所需围岩力学参数,见表 3-1。其
中,GSI 为岩体的地质强度指标,E_i 和 E_{rm} 分别为完整岩石和岩体的杨氏模量,
σ_c 为完整岩石的单轴抗压强度。将以上参数代入式(3-2),得到两算例的顶板悬
露部分所受均布荷载 q_z 分别为 0.028 MN/m²(算例 1)和 0.092 MN/m²(算例
2)。考虑无相邻工作面开采扰动的情况,设应力集中系数 K_0 为 2,从而根据式
(3-1)得最大垂直应力增量 q_1 为 16.25 MPa,应力增量范围 x_1 取 5 倍巷道半跨
度,即 12 m。其他理论计算涉及参数见表 3-2。

表 3-1 围岩力学参数

岩性	$\gamma/(MN/m^3)$	GSI	E_i/GPa	σ_c/MPa	E_{rm}/GPa
煤	0.014	49	3.22	24.4	0.93
泥岩	0.025	56	12.3	86.0	5.29
砂质泥岩	0.025	55	10.2	61.2	4.16
砂岩	0.027	63	30.8	101.9	18.10

表 3-2　理论计算涉及参数

项目	埋深 H/m	煤层厚度 h_c/m	覆岩体积力 γ/(MN/m³)	煤层泊松比 ν_c	巷道跨度/m
参数	650	6.0	0.025	0.37	4.8

3.2.2　巷道顶板岩层的弯曲变形及特征

图 3-4 为两种不同顶板结构条件下巷道顶板 Winkler 基础悬梁模型的弯矩分布。可见,在巷道跨度范围内,巷内顶板岩层的弯矩较大,不同结构的巷内顶板岩层均处于向巷内弯曲拉伸的状态,弯矩最大值出现在巷道顶板的跨中($x=-2.4$ m)位置。受两帮可变形基础支撑的巷帮顶板岩层弯矩随着距巷帮深度的增加而逐渐降低的影响,巷道顶板肩角处($x=0$)也产生了较大的弯矩,且与顶板跨中最大弯矩相差很小(算例 1 为 6.4%,算例 2 为 3.1%),这意味着巷帮上方未悬露的顶板岩层也出现一定的弯曲下沉变形,顶板岩层在两帮集中应力作用与煤体支撑作用下处于帮内弯曲沉降状态,而不是刚性或固支状态。

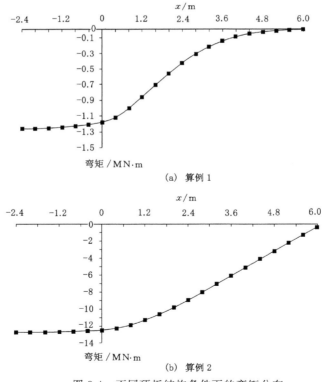

(a)　算例 1

(b)　算例 2

图 3-4　不同顶板结构条件下的弯矩分布

巷内顶板岩层悬露部分均处于弯曲拉伸的力学状态,且各处的弯矩差值较小。在复杂多变的现场实际岩体工程中,当巷内顶板岩层各部位的弯矩逼近破断弯矩时,受岩体结构面弱化的影响,顶板岩层的大变形、破裂和冒顶隐患将首先出现在顶板节理裂隙较发育或高应力作用下较破碎的部位,顶板岩体沿结构弱面发生变形和破断,出现大变形"网兜",从而造成巷道顶板变形破坏的不对称性,但冒落拱的最大拱高并非一定位于顶板跨中位置。

图 3-5 为不同顶板结构条件下巷道顶板 Winkler 基础悬梁模型的挠度分布。整个梁结构的最大挠度同样在巷道跨中($x=-2.4$ m)位置,算例 1 为 92.74 mm,算例 2 为 85.40 mm,挠曲变形量由巷道跨中向巷帮岩体深部逐渐降低。与弯矩分布特征一致,巷道顶板肩角处($x=0$)也产生了较大的挠曲变形,且与顶板跨中最大挠度相差很小,算例 1 和算例 2 分别为 5.23 mm (5.64%)和 3.75 mm(4.39%)。在巷帮上方垂直应力增量作用下,顶板岩梁的挠曲变形分别延伸至巷帮岩体内部 13.5 m 和 14.7 m 处。

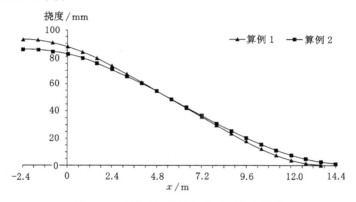

图 3-5　不同顶板结构条件下的挠度分布

不同顶板结构条件下 Winkler 基础悬梁模型分析表明,巷道顶板岩层的弯矩和挠度分布具有相似特征。顶板最大弯矩和最大位移均位于巷道跨中处,与巷道肩角处基础梁支点的位移相对差值较小,表明煤巷顶板的弯曲变形不是简支梁、固支梁模型中以巷道肩部为刚性支点的向巷道内部的弯曲回转变形,而是伴随着巷帮变形的巷内与巷帮顶板的共同变形下沉。

3.3　煤层巷道顶板的基础刚度效应

由 Winkler 基础悬梁的顶板挠度表达式(3-20)和式(3-22)可知,顶板岩层的弯曲变形与巷帮最大垂直集中应力增量 q_1、巷道跨度 B、Winkler 基础杨氏模

量 E_c、顶板岩层抗弯刚度 EI、荷载 q_z 等变量有关。基于 3.2.2 节对顶板弯矩和位移分布特征的分析,选取顶板跨中挠曲下沉量作为量化指标,以算例 1 的顶板结构为背景探究煤层巷道顶板的基础刚度效应。

3.3.1 顶板弯曲变形与抗弯刚度的关系

巷道顶板弯曲变形与抗弯刚度具有直接的关系。根据材料力学,抗弯刚度为岩梁杨氏模量 E 与截面惯性矩 I 的乘积。图 3-6 为顶板跨中弯曲变形与杨氏模量的关系,可以看出顶板挠度随杨氏模量 E 单调递减,但变化率与 E 呈负相关。当 E 由 1 GPa 增至 6 GPa 时,顶板挠度由 96.4 mm 降低为 92.5 mm,而当 E 由 6 GPa 增加到 15 GPa 时,挠度仅由 92.5 mm 降至 90.4 mm。可见,当顶板岩层 E 不大时对顶板变形有明显的影响,而当 E 高于一定值后对顶板变形影响甚微。图 3-7 为不同顶板杨氏模量条件下的顶板挠度分布,可见 E 对巷内悬露顶板挠度稍有影响,但对巷帮支撑的顶板几乎无影响。

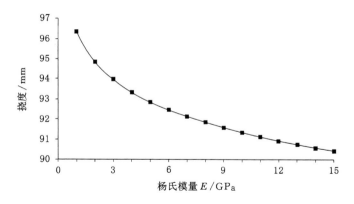

图 3-6 顶板跨中弯曲变形与杨氏模量的关系

3.3.2 顶板弯曲变形与基础刚度的关系

顶板岩梁在可变形基础的支撑下,两帮煤岩体的刚度与顶板变形量和稳定性有密切关系。图 3-8 为顶板跨中弯曲变形与基础刚度的关系,可以看出顶板挠度随基础(两帮煤岩体)杨氏模量 E_c 单调递减且变化率与 E_c 呈负相关关系。顶板挠度随着 E_c 的升高而显著降低,当 E_c 从 0.5 GPa 升高到 1.5 GPa 时,挠度由 154.9 mm 锐减至 58.1 mm,当 E_c 高于 2 GPa 后,其对挠度的影响效应明显降低。图 3-9 为不同基础刚度条件下的顶板挠度分布,可以看出即使较小幅度地提高 E_c,也会在顶板大范围内造成弯曲变形的显著降低。

对比可知,当巷道两帮为较软弱的煤(岩)体时,顶板处于可变形基础支撑状态,两帮可变形基础的刚度是顶板变形的关键影响因素,即基础刚度效应,而顶

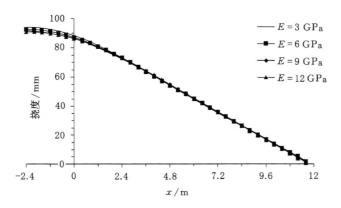

图 3-7   不同顶板杨氏模量条件下的顶板挠度分布

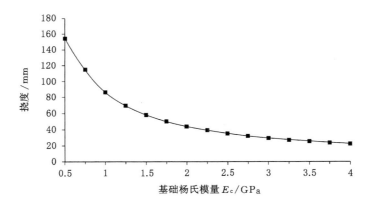

图 3-8   顶板跨中弯曲变形与基础刚度的关系

板刚度对顶板变形的影响相对较低。顶板梁结构随基础的变形呈现整体弯曲变形。

3.3.3   顶板弯曲变形与基础厚度的关系

对于厚煤层回采巷道,巷道不同的布置和掘进层位会形成截然不同的巷道围岩环境,厚煤层巷道常见的掘进层位如图 3-10 所示。当巷道沿煤层顶板掘进时,直接顶为上覆岩层,两帮和直接底则为软弱煤体,此时顶板的基础厚度 h_c 等于煤层厚度;当巷道沿煤层底板掘进时,直接底为底板岩层,直接顶和两帮则为软弱煤体,此时基础厚度 h_c 等于巷道高度。

巷道顶板弯曲变形与基础厚度 h_c 的关系如图 3-11 所示,可见基础厚度的增加会导致顶板变形量的增大,当 h_c 由 3 m 增加到 6 m 时,顶板跨中挠度由

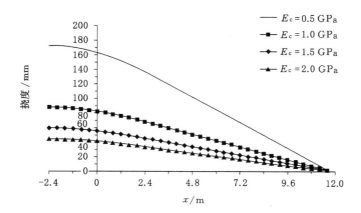

图 3-9　不同基础刚度条件下的顶板挠度分布

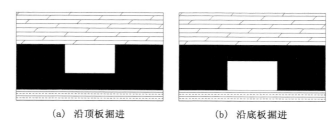

（a）沿顶板掘进　　　　　　　（b）沿底板掘进

图 3-10　厚煤层巷道常见掘进层位

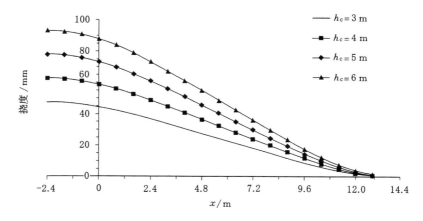

图 3-11　顶板弯曲变形与基础厚度的关系

44.2 mm 升高至 87.5 mm。这归因于基础刚度 k 与厚度 h_c 的负相关关系(式3-4),基础刚度的降低使支撑顶板的基础更容易变形,从而使顶板的下沉变形量增加。

3.3.4 顶板弯曲变形与垂直集中应力的关系

巷道顶板弯曲变形与巷帮最大垂直集中应力增量 q_1 的关系如图 3-12 所示,可以看出顶板变形受两帮垂直应力的影响非常显著,当 q_1 由 10 MPa 升高至 40 MPa 时,顶板跨中挠度由 56.67 mm 迅速增加至 227.32 mm,巷帮煤岩体内部支撑的未悬露顶板挠度也明显升高。由式(3-1)可知,巷道两帮垂直集中应力的大小取决于埋深 H、上覆岩层体积力 γ 和应力集中系数 K_0。因此,在给定地质条件下(H 和 γ 一定),巷道沿空布置、邻近工作面开采扰动、不同煤柱尺寸等采动条件都是影响应力集中系数取值的主要因素[92],正确估算应力集中系数将是研究顶板失稳机理、围岩稳定性控制和支护设计优化等的重要前提。在巷道受采动、沿空掘巷、小煤柱护巷等工程扰动影响下,或深部开采条件下,将引起两帮围岩垂直应力显著升高,两帮岩体的剧烈变形使巷道顶板随之共同下沉,巷道基础刚度效应则更加明显。

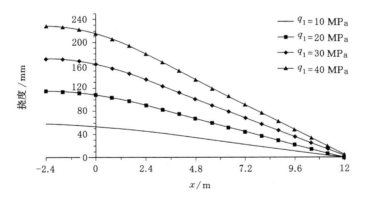

图 3-12 顶板弯曲变形与垂直集中应力增量的关系

3.3.5 顶板弯曲变形与巷道跨度的关系

我国煤矿巷道掘进宽度一般为 3.5 m 到 5 m,图 3-13 为 5 种常见巷道跨度(3 m、3.5 m、4 m、4.5 m、5 m)对顶板弯曲变形的影响,可以看出顶板挠度与巷道跨度为正相关关系。巷道跨度主要影响巷道开挖后的两帮应力集中范围,当巷道跨度为 3 m 时,顶板变形范围延伸至巷帮内部 7.7 m,当跨度增加到 5 m 时,顶板变形范围延伸至巷帮内部 13.5 m,即巷道的大跨度会增加顶板变形量和巷帮岩体的扰动范围。

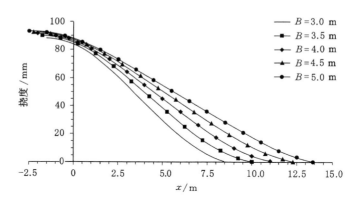

图 3-13　顶板弯曲变形与巷道跨度的关系

3.4　本章小结

（1）基于软弱围岩在垂直集中应力作用下的非刚性或可变形性,建立了将巷道两帮视为 Winkler 基础的顶板弹性基础悬梁模型,推导得到了巷道顶板的弯矩和挠度表达式。

（2）以某工程地质条件为背景,采用胡克-布朗强度准则和 GSI 分级确定了岩体力学参数,选取两种顶板结构作为算例,得到了巷道顶板的弯矩和挠度分布,研究了巷帮变形基础支撑下的顶板弯曲变形特征。在两帮垂直集中应力作用下,巷帮软弱煤岩体发生明显的压缩变形,顶板岩层随基础的变形而整体下沉,巷内、巷外的顶板呈现连续弯曲变形,顶板跨中的最大弯矩和最大位移与巷道肩角处相差很小,顶板岩层的大变形、破裂和冒顶隐患将受岩体结构面控制。巷帮变形改变了顶板的变形特征。

（3）研究了顶板跨中弯曲变形与直接顶抗弯刚度、基础刚度、基础厚度、巷道两侧垂直集中应力和巷道跨度的变化规律,揭示了软弱围岩和深部巷道顶板的基础刚度效应。两帮基础刚度对顶板变形量影响极大,是顶板变形的关键影响因素,垂直集中应力和两帮基础厚度对顶板变形也有明显影响。

4　工程岩体劣化及数值模拟方法

在开采深度较大的条件下,煤矿回采巷道开挖后,围岩表面出现不同程度的裂隙发育和扩展,造成围岩破碎、力学性能弱化甚至失稳冒落。在大采高或综放工作面的强采动影响下,回采巷道矿压显现突出,巷道维护难度大。合理严谨的软弱围岩稳定性数值仿真模拟,是评估巷道围岩稳定性、进行巷道支护设计优化、指导补强支护设计及支护失效预警和保证采区安全高效生产的重要基础。本章基于前人的研究成果和岩石力学试验,研究了软弱围岩破碎程度与围岩劣化的量化关系,建立了拉伸劣化量化计算式,在应变软化模型的基础上开发了适用于连续介质有限差分法的工程岩体劣化模型。结合具体算例与传统本构模型,对比分析了劣化参数的影响度,研究了回采巷道围岩峰后劣化效应,并验证了模型的可靠性。结果显示,该模型和方法能够更严谨和可靠地仿真模拟回采巷道围岩及支护体的力学状态。

4.1　围岩力学性质与峰后破坏特性

4.1.1　煤岩体峰前力学性质

岩石的物理力学性质是进行围岩稳定性分类、边坡优化设计与稳定性评价、地下工程设计等岩土工程研究与设计的重要依据。由实验室试验获取的岩石物理力学参数是估算岩体力学参数、计算理论解析解和用于数值模拟等研究的关键基础数据。

采用 RMT-150 型伺服试验机对采自赵固二矿二$_1$煤层顶板 20 m 和底板 15 m 范围的试样进行测试,得到了煤岩峰前物理力学参数见表 4-1,代表性试验曲线见图 4-1。

表 4-1 中的岩石力学参数反映了煤系沉积地层回采巷道围岩的峰前基本特性,图 4-1 表明岩石在峰前阶段基本呈现线弹性变形特征。

表 4-1 煤岩峰前物理力学参数

岩石层位	岩性	视密度/(kg/m³)	抗拉强度/MPa	抗压强度/MPa	杨氏模量/GPa	泊松比
顶板	砂岩	2 552	10.91	83.6	31.6	0.23
	砂质泥岩	2 591	3.47	56.2	16.3	0.25
	泥岩	2 777	2.34	38.2	9.5	0.29
二₁煤层	煤	1 435	0.72	20.4	2.8	0.30
底板	砂质泥岩	2 629	2.81	41.8	9.9	0.27
	石灰岩	2 754	13.52	99.6	82.6	0.22

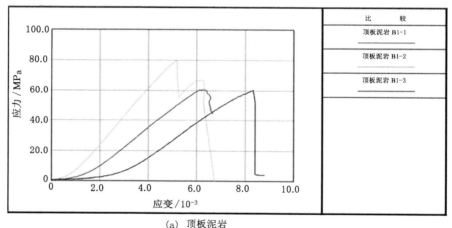

(a) 顶板泥岩

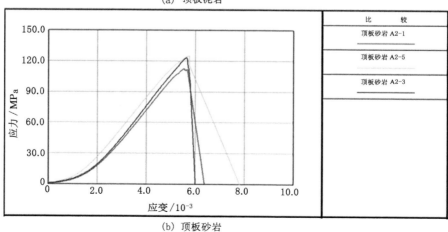

(b) 顶板砂岩

图 4-1 煤岩单轴压缩试验应力-应变曲线

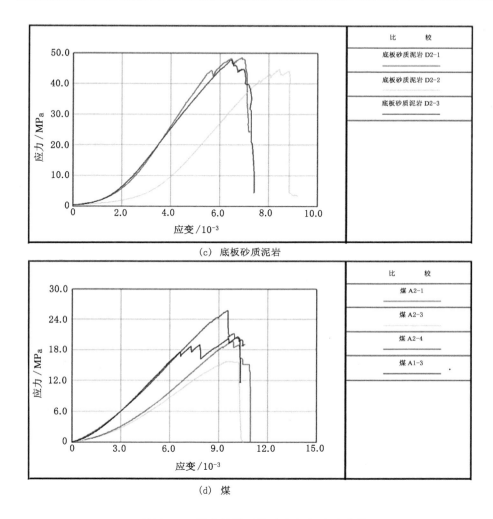

（c）底板砂质泥岩

（d）煤

续图 4-1　煤岩单轴压缩试验应力-应变曲线

4.1.2　岩石的峰后脆性特性与破坏形态

对于煤矿回采巷道掘进、采煤工作面准备等地下工程，软弱围岩在服务期间内基本都经历峰后破坏阶段，煤岩的峰后特性是软弱围岩变形破坏与支护设计的关键因素。国内外学者对岩石的峰后特性和破坏形态进行了大量的试验研究工作，Paterson 等[93-94]通过压缩试验发现，大理岩的变形破坏随着围压的增大呈现出由脆性向延性转变的特征；Mogi[95]、Heard[96]等指出，岩石的脆性-延性转化通常与强度、应变等参数有关。

尽管岩石在高围压状态下开始出现延性特征,但是在实际地下工程的人为开挖扰动下,开挖空间周围的岩体依旧以劈裂、崩落等脆性破坏现象为主[97]。对于岩石的脆性破坏特征,Brady[98]基于试验研究,提出了脆性岩石破坏峰前的本构关系,并用其求解脆性岩体中圆形隧道开挖后的应力;Hajiabdolmajid等[99]通过对岩体在高应力环境下的脆性破坏特征进行数值模拟研究发现,目前广泛采用的弹性、理想弹塑性和弹脆性本构模型均无法准确反映岩体的脆性破坏;尤明庆等[100]通过三轴卸围压试验,研究了岩石强度与试样力学性能弱化之间的关系,提出材料弱化模型用以表征岩样本征强度的降低。

由图 4-1 可知,不同岩性的试样在达到极限强度后,在发生较小应变的情况下应力急剧降低,呈现出显著的脆性破坏特征;进入峰后阶段的试样,其力学性质迅速显著弱化至很低的残余强度。试验曲线表明,在单向应力状态下,岩石的塑性变形很小,主要以脆性劣化特性为主。

地下巷道开挖后,巷道围岩的原始三向应力状态被打破,使围岩应力重新分布。巷道围岩应力集中,其浅部处于单向或似单向的应力状态,并且产生部分拉应力区。浅部围岩首先遭到脆性拉伸或剪切破裂,随着围岩内部的应力调整,破裂逐步向围岩深部扩展形成脆性拉伸或剪切破裂区,围岩破坏区域的力学特性已进入岩石峰后的力学性质劣化阶段。

由于回采巷道一般会经历采动叠加应力场的影响,因此在回采巷道围岩稳定性与控制的研究中,对于受巷道开挖扰动及采动影响以后进入峰后劣化阶段的围岩(煤层、直接顶、直接底等),不应采用理想弹塑性本构模型进行巷道围岩力学行为的模拟和分析,围岩的峰后力学性质劣化特性必须纳入考虑和分析计算中。

4.2 工程岩体拉伸劣化力学机制

近年来,计算机数值模拟方法在诸多领域被越来越多的学者所采用,也成为煤矿采场矿山压力与岩层控制、巷道煤柱尺寸设计和围岩控制等地下工程的重要研究手段。由于煤系地层多为沉积作用形成的较软弱层状岩体,大量针对煤矿井工开采引起的采场与巷道矿山压力的数值模拟研究,通常采用软件内置的莫尔-库仑模型和应变软化模型。

4.2.1 工程岩体剪切破坏强度弱化模型及其力学机制

目前,在煤矿地下开采的围岩稳定性与控制的数值模拟研究中,应用最广泛的岩体本构模型是基于莫尔-库仑强度准则的理想弹塑性模型和应变软化模型。理想弹塑性模型与脆性应变软化模型的应力-应变关系如图 4-2 所示。

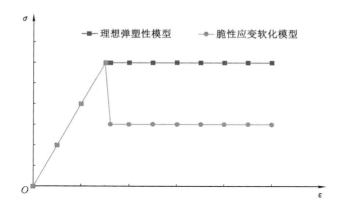

图 4-2 理想弹塑性模型与脆性应变软化模型的应力-应变关系

在理想弹塑性模型中,材料的强度准表达为

$$\sigma_1 - \frac{2c\cos\varphi}{1-\sin\varphi} + \frac{1+\sin\varphi}{1-\sin\varphi}\sigma_3 = 0 \qquad (4\text{-}1)$$

式中:σ_1 和 σ_3 分别为最大、最小主应力;c 为黏聚力;φ 为内摩擦角。

该模型中材料的力学参数恒定为常量,且材料达到极限屈服强度后应力状态不再随应变量发生改变。这一特性显然与绝大多数地质材料的力学特性不符[101],这种模型不适用于煤矿采煤工作面和巷道周边岩体的稳定性分析和模拟。

而在同样基于莫尔-库仑强度准则的应变软化/硬化模型中,材料屈服后的软化/硬化特性是通过模型力学参数中黏聚力 c、内摩擦角 φ 和塑性应变 $\varepsilon^{\mathrm{mp}}$ 的变化来表征的,可表达为

$$\sigma_1 - \frac{2c\varepsilon^{\mathrm{mp}}\varepsilon^{\mathrm{mp}}\cos\varphi}{1-\varepsilon^{\mathrm{mp}}\sin\varphi} - \frac{1+\varepsilon^{\mathrm{mp}}\sin\varphi}{1-\varepsilon^{\mathrm{mp}}\sin\varphi}\sigma_3 = 0 \qquad (4\text{-}2)$$

式中:$\varepsilon^{\mathrm{mp}}$ 为塑性应变量。

应变软化模型通过定义的力学参数(黏聚力、内摩擦角)与塑性变形的负相关关系,能够较好地模拟岩石、岩体在达到强度极限后的力学性能弱化并呈现残余强度的力学行为。图 4-2 中的脆性应变软化模型具有煤岩物理力学性质试验中试样的脆性应变软化特征,这类模型在岩体峰后力学特性的模拟研究中被广泛采用。这一模型目前也被广泛应用于煤层巷道、软岩巷道的围岩稳定性分析和支护优化的研究中。但是,应变软化模型其实仅是峰后的强度弱化模型。

4.2.2 工程岩体杨氏模量劣化的力学机制及其意义

由于成煤过程中的地质沉积作用及后期的构造运动影响,煤层的覆岩多呈

现显著的层状特征和节理裂隙发育特征。在这样的岩层结构特征下,拉伸破坏是工程扰动致使软弱围岩破坏的主要破坏形式,尤其是当围岩处于非高水平应力状态(水平应力与垂直应力之比小于 3)时[102-104]。由于岩体中的原生节理、裂隙等弱结构面几乎没有抗拉强度,因此当岩体受拉应力作用时,极易使节理和裂隙发育、扩展甚至贯通。而岩体中岩石完整性、裂隙产状和发育程度会直接影响岩体的力学性能,这一点被许多学者认同并分别提出了岩体力学参数(尤其是杨氏模量)与裂隙发育程度的关系。考虑到 GSI 体系是评价岩体的峰值强度,前人建立了岩体杨氏模量 E_{rm} 与实验室试样杨氏模量 E_{lab} 和岩体 GSI 的关系,即

$$E_{rm} = 0.5\left[1 - \cos\left(\pi\frac{GSI + 5}{100}\right)\right]E_{lab} \tag{4-3}$$

式中:E_{rm} 为岩体杨氏模量;E_{lab} 为实验室试样杨氏模量;GSI 为岩体的地质强度指标。

这些学者的研究指出岩体中节理、裂隙发育程度对岩体杨氏模量有着直接影响。

煤层巷道由于其相对软弱的围岩条件,使得巷道围岩在掘进期间即已发生塑性变形和明显的脆性破坏,形成塑性区[105]和松动圈[106]。在深部开采、高地应力等条件下,巷道围岩还会出现分区破裂或不连续断裂现象[107-109],接近开挖空间的围岩浅部岩体松动破碎、裂隙发育,使岩体的破碎程度和范围成为分析巷道围岩破坏机理、进行支护设计、评价围岩稳定性等方面的重要参考依据。

在巷道受采动影响时,巷道围岩已为经受了塑性变形和脆性破坏的裂隙发育岩体,其杨氏模量会根据裂隙发育程度的差异出现不同程度的弱化。通过式(4-1)、式(4-2)可以看出,在基于莫尔-库仑强度准则的理想弹塑性和应变软化模型中岩体的杨氏模量则保持恒定,而这一特征不能准确严谨地反映巷道在掘进和回采影响期间的围岩力学行为。采用拉应力破坏准则进行破坏状态判别时,仅仅是判别出单元的破坏类型,并未实现杨氏模量的劣化,没有建立起杨氏模量劣化的模型及算法。因此,将围岩因拉伸破坏引起的裂隙扩展和松动破碎所造成的岩体杨氏模量劣化考虑在内,对于软弱围岩煤矿采煤工作面和巷道稳定性研究具有重要意义。

4.3 围岩拉伸劣化特性与量化计算

地下工程特别是煤矿回采工作面和巷道,围岩内往往产生拉应力作用。相比其他地下工程,回采巷道围岩较软弱、节理裂隙较发育、通常采用矩形或梯形断面、临时性巷道支护强度低、受采动高应力的强烈作用,围岩变形量较大,裂隙

扩展显著。在邻近采空区的影响下,煤层和覆岩中的水平地应力基本得到释放,矩形和梯形巷道顶底板中出现弯曲拉应力,而岩体的抗拉强度低,顶底板岩层的拉伸破裂现象必然十分突出;巷道两帮煤岩体处于单向或似单向应力的非高水平应力状态,易发生劈裂破坏;在地层水平构造应力较高的条件下,巷道两帮也将产生拉应力作用,发生拉伸破裂现象。当围岩浅部发生破裂以后,围岩应力分布调整及破坏将向内部发展,直至围岩应力状态与围岩强度重新达到新的平衡。

由此可见,回采巷道围岩的拉伸破裂和裂隙扩展是主要的破坏形式,围岩峰后力学特性的弱化不仅是应变软化模型中的强度、黏聚力、内摩擦角和剪胀角的弱化,还有拉伸破坏状态下的杨氏模量劣化。因此,需要建立拉伸破裂的杨氏模量劣化关系。

当围岩中的拉应力达到抗拉强度后,根据裂隙发育程度对杨氏模量进行劣化,将初始杨氏模量转变为残余杨氏模量,建立岩体脆性拉伸劣化模型。

为了便于量化岩体峰后力学特性中杨氏模量的变化,定义岩体脆性拉伸劣化系数 A 有

$$E_r = A \cdot E_m \tag{4-4}$$

式中:E_r 为岩体发生拉伸破坏后的残余杨氏模量;E_m 为岩体初始杨氏模量,如图 4-3 所示。

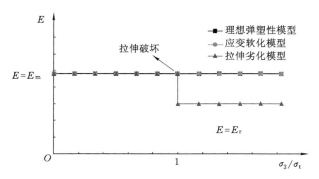

图 4-3　不同力学模型中杨氏模量的变化

同时为了量化岩体中由拉伸破坏产生的裂隙发育程度,引入地质强度指标GSI。GSI 一般用来通过实验室岩石力学性质和岩体结构面特征等参数计算岩体的强度和杨氏模量。图 4-4 为基于岩体结构和结构面表面特征的 GSI 量化图表。

对于岩石单轴抗压强度 σ_c 小于 100 MPa 的岩石,其岩体初始杨氏模量 E_m 可由下式得到

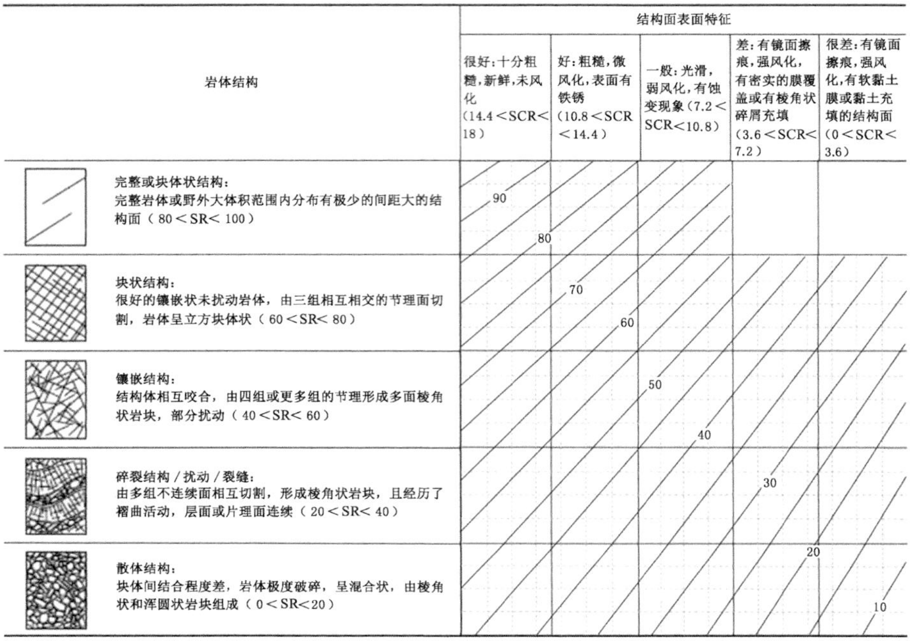

岩体结构	结构面表面特征				
	很好:十分粗糙,新鲜,未风化($14.4<SCR<18$)	好:粗糙,微风化,表面有铁锈($10.8<SCR<14.4$)	一般:光滑,弱风化,有蚀变现象($7.2<SCR<10.8$)	差:有镜面擦痕,强风化,有密实的膜覆盖或有棱角状碎屑充填($3.6<SCR<7.2$)	很差:有镜面擦痕,强风化,有软黏土膜或黏土充填的结构面($0<SCR<3.6$)
完整或块体状结构:完整岩体或野外大体积范围内分布有极少的间距大的结构面($80<SR<100$)	90 80				
块状结构:很好的镶嵌状未扰动岩体,由三组相互相交的节理面切割,岩体呈立方块状($60<SR<80$)		70 60			
镶嵌结构:结构面相互咬合,由四组或更多组的节理形成多面棱角状岩块,部分扰动($40<SR<60$)			50 40		
碎裂结构/扰动/裂缝:由多组不连续面相互切割,形成棱角状岩块,且经历了褶曲活动,层面或片理面连续($20<SR<40$)				30	
散体结构:块体间结合程度差,岩体极度破碎,呈混合状,由棱角状和浑圆状岩块组成($0<SR<20$)					20 10

图 4-4 GSI 量化图表

$$E_{m} = \left(1 - \frac{D}{2}\right)\sqrt{\frac{\sigma_{c}}{100}} \cdot 10^{\frac{GSI-10}{40}} \tag{4-5}$$

式中:D 为扰动系数。

当 $D=0$ 时,E_{m} 随 σ_{c} 和 GSI 的变化关系如图 4-5 所示。随着岩体裂隙发育程度的增加,杨氏模量呈现快速下降的变化趋势,具有显著的劣化特性。

根据式(4-5),可以类推得到岩体受拉伸破坏后的残余杨氏模量 E_{r} 随岩体抗压强度 σ_{m} 和岩体在拉应力作用下的裂隙发育程度 GSI_{t} 的变化关系,即

$$E_{r} = \sqrt{\frac{\sigma_{m}}{100}} \cdot 10^{\frac{GSI_{t}-10}{40}} \tag{4-6}$$

假定 $GSI_{t}=90$ 表示岩体没有发生拉伸破坏或没有裂隙受拉伸作用产生扩展,即

$$E_{m} = \sqrt{\frac{\sigma_{m}}{100}} \cdot 10^{\frac{90-10}{40}} \tag{4-7}$$

由式(4-6)和(4-7)可得拉伸劣化系数 A 有

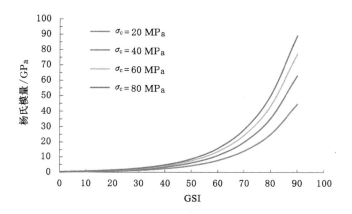

图 4-5　E_m 随 σ_c 和 GSI 的变化关系

$$A = \frac{E_r}{E_m} = 10^{\frac{GSI_t - 90}{40}} \qquad (4-8)$$

为了研究围岩拉伸破裂劣化特性在具体巷道围岩稳定性及控制问题上的作用,选取 4 个不同的 GSI_t 值计算拉伸劣化系数 A,见表 4-2。即随着岩体拉伸破坏后裂隙发育的程度不同,对应着不同的拉伸劣化系数。采用式(4-8)及表(4-2)的拉伸劣化系数,可以在数值模拟研究中反映杨氏模量劣化对巷道稳定性的影响。

表 4-2　GSI_t 及拉伸劣化系数 A 的选取

GSI_t	A
10	0.01
30	0.03
50	0.10
70	0.30

4.4　工程岩体劣化模型的数值模拟实现

FLAC^{3D}内置的 FISH 语言允许用户定义新的变量、函数、本构模型等,还可以通过 C++程序语言自行编写新的本构模型[110-112],以适应不同条件下仿真模拟研究的需要[113-114]。

在数值模拟研究中,为了增加围岩拉伸劣化特性对工程岩体稳定性的影响,基于 FLAC^{3D}内置的应变软化模型,采用 FISH 语言对其进行二次开发,增加拉伸劣化算法,实现了围岩拉伸破裂后根据裂隙发育程度对岩体杨氏模量的劣化,即在应变软化模型基础上增加拉伸劣化算法,二次开发形成新的工程岩体劣化模型。

工程岩体劣化的算法流程如图 4-6 所示。算法中通过每间隔一定运算时步后遍历模型的各个单元,逐步渐进地动态识别每个剪切破裂和拉伸破坏的单元,并对其进行相应力学参数劣化,其中黏聚力、内摩擦角弱化遵循应变软化模型,杨氏模量劣化遵循拉伸劣化模型,单元力学参数更新后继续迭代运算,循环上述过程直至模型达到平衡状态。

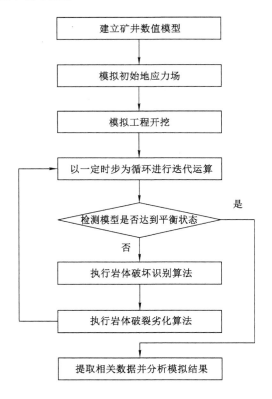

图 4-6　工程岩体劣化算法流程图

4.5　回采巷道围岩拉伸劣化效应

为了研究围岩拉伸劣化效应对回采巷道稳定性的实际影响,并验证工程岩体劣化算法的可靠性和准确性,以赵固二矿 11050 工作面回风平巷的工程地质条件为背景,建立回采巷道模型算例,将模型中各煤岩体定义为不同模型进行对比研究,以巷道在掘进和采动影响过程中的围岩移近量、锚杆锚索受力状态为指标,探究回采巷道围岩的拉伸劣化效应。

4.5.1 数值模型建立

11050 工作面主采煤层为二$_1$煤,工作面地质与开采技术条件见 2.1.2 节。根据对称性原则,以 11050 工作面倾向中线为对称轴,建立三维数值模型如图 4-7(a)所示。模型走向长 140 m,其中巷道和工作面走向长度为 60 m,前后各留 40 m 边界;倾向宽 155 m,工作面二分之一的长度为 90 m;高 100 m。顶部施加 15 MPa 的垂直应力,X、Y 方向的水平应力分别为垂直应力的 0.8 倍和 1.2 倍,模型四周和底部采用位移限定边界。巷道支护采用 FLAC³ᴰ 中内置的 cable 结构单元模拟与现场实际相符的锚杆-锚索支护,模型巷道支护断面如图 4-7(b)所示。支护体力学参数见表 4-3。

表 4-3　支护体力学参数

支护形式	长度/mm	锚固长度/mm	直径/mm	极限抗拉强度/kN	预紧力/kN
锚杆	2 400	1 200	20	335	30
锚索	8 250	2 400	21.6	510	100

为了完整地监测回采巷道掘进和回采影响过程中的巷道稳定性状态,设置图 4-7(a)中指示位置为监测断面(断面距离工作面开切眼 40 m),记录该断面内的围岩变形量和支护体受力状态,可以较完整地记录该断面在巷道掘进过程中和工作面推进采动影响下的围岩响应。模型仿真模拟过程如下:① 建立模型并赋予力学参数和边界条件后运算达到初始平衡,模拟初始地应力场;② 以掘进 5 m 为一个运算循环,支护紧随巷道开挖,设置支护体并赋予力学参数后运算使模型达到平衡,平衡后继续下一个"掘进—支护—运算"循环;③ 巷道掘进完成后,以工作面推进 5 m 为一个运算循环,直到工作面推进至监测断面。

4.5.2 岩体力学参数确定

在目前的围岩分级系统中,只有 GSI 体系与岩体参数(如胡克-布朗、莫尔-库仑强度准则及岩体模量)直接关联,这样可以减少对工程经验的依赖,且简单易行。而胡克-布朗强度准则与莫尔-库仑强度准则相比,加入了对岩体结构类型、结构面特征、扰动状态等因素的综合影响,可以更好地反映岩体的非线性破坏特征,也更符合工程实际。因此,以实验室试验获得的岩石物理力学参数为基础数据,根据胡克-布朗强度准则和 GSI 分级进行岩体力学参数计

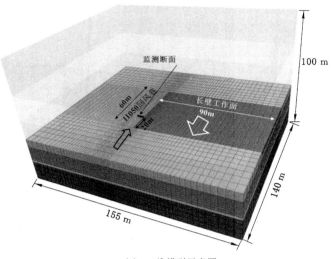

(a) 三维模型示意图

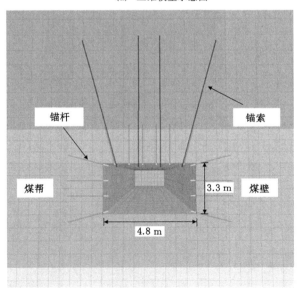

(b) 巷道支护断面图

图 4-7   三维模型及巷道支护示意图

算可以更严谨、准确地反映岩体实际情况,并且简单易行,在工程实践中具有可操作性[115]。

将 4.1.1 节表 4-1 中煤岩力学参数录入 Roclab 软件,得到岩石-岩体力学参数计算和破坏包络线如图 4-8 所示。应用于 FLAC³ᴰ模型中的岩体力学参数见表 4-4,其中 K 为体积模量,G 为剪切模量,c 为黏聚力,φ 为内摩擦角,c_r 为峰后残余黏聚力,ε_p 为岩体强度变为残余值时的塑性应变。

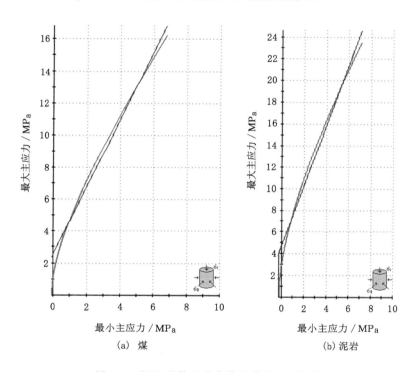

图 4-8 岩石-岩体力学参数计算和破坏包络线

表 4-4 模型岩体力学参数

岩石层位	岩性	K/GPa	G/GPa	c/MPa	φ/(°)	c_r/MPa	ε_p/%
	砂岩	9.1	5.9	3.9	45	0.39	0.01
顶板	砂质泥岩	5.2	3.1	3.2	40	0.32	0.01
	泥岩	2.4	1.1	2.1	35	0.21	0.01
二₁煤层	煤	1.3	0.6	1.4	31	0.14	0.01
底板	砂质泥岩	7.2	4.0	3.4	37	0.34	0.01
	石灰岩	9.6	6.5	4.2	47	0.42	0.01

4.5.3 回采巷道围岩峰后劣化的变形效应分析

为了研究围岩峰后拉伸劣化特性在回采巷道稳定性分析中的作用和影响，将三维模型中的岩体分别定义为理想弹塑性模型、应变软化模型和 4 个不同 GSI_t 取值的工程岩体劣化模型，以围岩变形量、支护体受力状态等作为指标进行对比研究。

巷道围岩变形量一般可以分为顶板下沉量、巷道底鼓量和两帮移近量三部分。不同模型条件下监测断面在巷道掘进和工作面回采期间的围岩变形过程如图 4-9 所示。由图 4-9(a)、(c)、(e)可知，监测段巷道在刚开掘并支护后，所有模型中围岩均迅速向巷道空间内收敛变形且变形量显著，随着掘进工作面地向前推进，围岩变形速率逐渐降低，掘进工作面远离监测段 15 m 后围岩变形速率趋于平缓。工作面开始回采后，在采动超前支撑压力作用下，巷道围岩变形速率开始增长，但增速较缓，在采煤工作面推进至距监测段 20 m 范围时，围岩变形速率明显升高，监测段巷道顶板、两帮和底板均发生显著变形，其中回采期间的累计顶板下沉量为掘进期间下沉量的 2 倍以上。由于 11050 区段运输平巷沿顶板掘进，两帮和底板为较软弱的煤层，而顶板为泥岩、砂质泥岩，因此两帮移近量和底鼓量均明显大于顶板下沉量。

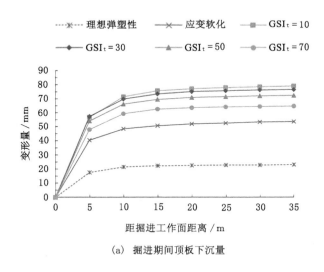

(a) 掘进期间顶板下沉量

图 4-9 巷道围岩变形量演化规律

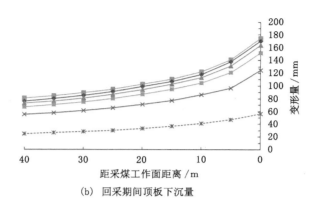

(b) 回采期间顶板下沉量

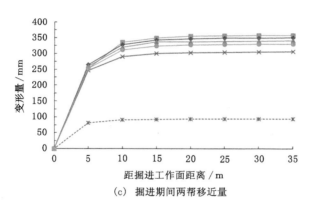

(c) 掘进期间两帮移近量

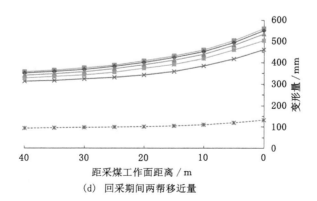

(d) 回采期间两帮移近量

续图 4-9 巷道围岩变形量演化规律

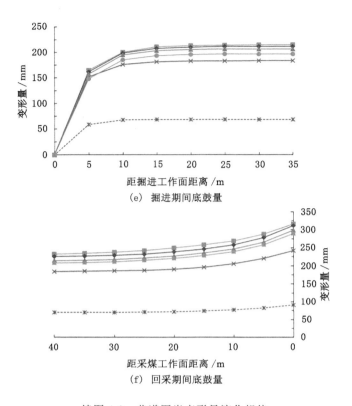

续图 4-9　巷道围岩变形量演化规律

　　从图 4-9 可以看出,由于将岩体屈服后力学性质减弱的峰后特性计算在内,采用应变软化模型和不同 GSI_t 取值的工程岩体劣化模型所得到的围岩变形量均明显大于理想弹塑性模型。同时,由于工程岩体劣化考虑了岩体单元受拉伸破坏后杨氏模量的等效劣化,其不同 GSI_t 取值的模型计算结果也均大于忽略拉伸劣化特性的应变软化模型。对比应变软化模型与工程岩体劣化模型模拟结果,巷道掘进期间和工作面回采期间的顶板下沉量最大差值分别为 25.1 mm 和 49.7 mm,两帮移近量最大差值分别为 51.9 mm 和 99.8 mm,底鼓量最大差值分别为 31.0 mm 和 74.3 mm。表 4-5 对比了不同模型在巷道掘进期间和工作面回采期间的累计顶板下沉量、两帮移近量和底鼓量,可以看出,考虑岩体峰后特性的应变软化模型和工程岩体劣化模型的巷道围岩变形响应显著高于理想弹塑性模型,同时工程岩体劣化模型的围岩变形量也明显高于应变软化模型,且随着 GSI_t 取值的减小,巷道围岩变形量有一定的增加。

表 4-5 不同模型巷道掘进和工作面回采期间的累计变形量

力学模型	围岩变形量	掘进期间变形量/mm	回采期间变形量/mm	采动影响差值/mm
理想弹塑性模型	顶板下沉量	23.2	56.3	33.1
	两帮移近量	93.9	131.7	37.8
	底鼓量	68.8	90.7	21.9
应变软化模型	顶板下沉量	53.8	124.5	70.7
	两帮移近量	306.2	460.8	154.6
	底鼓量	183.5	242.2	58.7
工程岩体劣化模型 ($GSI_t = 50$)	顶板下沉量	72.2	163.3	91.1
	两帮移近量	340.1	534.2	194.1
	底鼓量	206.5	298.4	91.9

巷道监测段在回采影响期间工作面煤壁帮和外侧煤体帮的移近量如图 4-10 所示。在采煤工作面推进至距监测段 20 m 范围之前,两帮的各自变形量和变形速率均没有明显差异;当工作面推进到距监测段 20 m 范围内,两帮变形速率明显升高,煤壁帮变形速率大于煤体帮变形速率,且变形速率的差异随采煤工作面的推进而增大,两帮移近量的最大差值为 17.8 mm。由此可见,回采巷道围岩出现非对称变形。在现场实际中,由于岩体的非均质性和结构弱面等因素的影响,回采巷道在采动影响下将表现为显著的非对称变形特征。

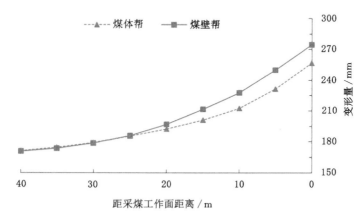

图 4-10 回采影响期间巷道两帮移近量

因此,在工作面采动影响作用下,回采巷道两帮呈现非对称变形特征,在巷道一次和二次支护设计中需要考虑相应的非对称支护,以确保回采巷道在工作面回采影响期间的稳定性,保证采区安全、高效生产。

4.5.4　回采巷道围岩峰后劣化的支护受力效应分析

在巷道围岩稳定性研究中,锚杆、锚索等支护构件的受力状态是评价围岩稳定性[116]和支护系统可靠性[117-118]以及探究支护机理[119-122]和失效原因[123-124]的重要指标和依据。在巷道锚杆-锚索支护模拟中,巷道监测段共布置 14 根锚杆和 4 根锚索,为对比研究围岩峰后劣化特性对回采巷道稳定性的影响,选择图 4-11(a)中标出的监测段巷道内一根锚索和一根锚杆,提取其掘进、回采全过程受力演化过程如图 4-11(b)、(c)所示。

图 4-11(b)、(c)中,在监测段巷道刚刚开掘并支护后,各个模型中所监测的锚杆、锚索的轴向受力迅速增大,锚杆、锚索受载并发挥锚固作用;随着掘进作业面的推进,锚杆、锚索的轴向受力持续上升且增速显著减缓,掘进工作面远离监测段 15 m 后,锚杆、锚索受力几乎维持恒定。工作面开始回采后,在采动超前支撑压力作用下,锚杆、锚索的轴向受力开始缓慢增长,在采煤工作面推进至距监测段 20 m 范围时,监测段巷道锚杆、锚索的受力显著升高。

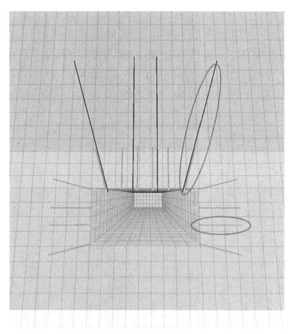

(a)　巷道支护断面图

图 4-11　锚杆、锚索受力演化规律

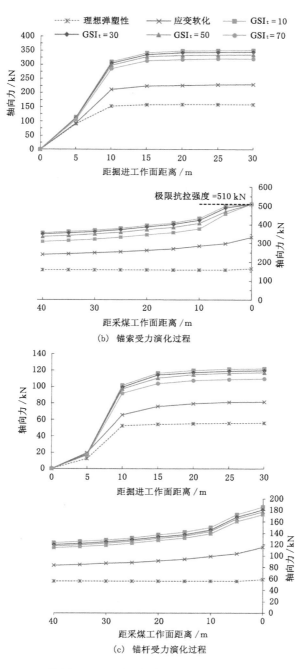

(b) 锚索受力演化过程

(c) 锚杆受力演化过程

续图 4-11　锚杆、锚索受力演化规律

从图 4-11 可以看出,由于将岩体屈服后力学性质减弱的峰后特性计算在内,采用应变软化模型和不同 GSI_t 取值的工程岩体劣化模型所得到的支护体轴向受力均明显大于理想弹塑性模型。同时,由于工程岩体劣化模型考虑了岩体单元受拉伸破坏后杨氏模量的等效劣化,不同 GSI_t 取值的模型计算结果也均大于忽略此弱化特性的应变软化模型。对比应变软化模型和工程岩体劣化模型的模拟结果,巷道掘进和工作面回采期间的锚杆轴向受力最大差值分别为 28.3 kN 和 56.6 kN,锚索轴向受力最大差值分别为 91.2 kN 和 177.7 kN。不同模型在巷道掘进期间和工作面回采期间的锚杆、锚索轴向受力对比见表 4-6。可以看出,考虑岩体峰后特性的应变软化模型和工程岩体劣化模型在巷道受采动影响期间的支护体受力显著高于理想弹塑性模型,同时工程岩体劣化模型在采动影响下的支护体受力变化比应变软化模型显著。

表 4-6 不同模型在巷道掘进期间和工作面回采期间支护体轴向受力

力学模型	支护体	掘进期间受力/kN	回采期间受力/kN	采动影响差值/kN
理想弹塑性模型	锚杆	56.0	58.2	2.2
	锚索	158.9	166.3	7.4
应变软化模型	锚杆	81.6	115.6	34.0
	锚索	229.8	332.3	102.5
拉伸劣化模型 ($GSI_t=50$)	锚杆	117.5	177.1	59.6
	锚索	335.3	510.0	174.7

值得注意的是,采用不同 GSI_t 取值的工程岩体劣化模型模拟所得到的锚索受力在采煤工作面到达监测断面不足 1 m 位置时,锚索轴向受力均达到其极限抗拉强度,即此时锚索发生破断失效,而采用理想弹塑性模型和应变软化模型模拟得到的同阶段锚索受力与极限抗拉强度相差甚远。赵固二矿 11050 工作面回采期间,区段运输平巷与回风平巷出现了大量顶板锚索破断失效现象,需要超前工作面 20 m 架设多排单体液压支柱进行二次支护以控制巷道变形,工程岩体劣化模型的仿真模拟结果与实际比较接近。因此,工程岩体劣化模型更真实地反映了回采巷道在采动影响下的围岩稳定性和支护体工作状态,从而可以更好地用于新掘巷道的围岩稳定性分析与支护设计优化,指导已有巷道的二次支护设计和支护失效预警等。这种模拟方法为满足巷道服务期间的正常使用提供科学依据,是工程围岩稳定性分析与支护优化更有效的仿

真方法。

4.6 模型仿真模拟效果验证

为验证上文提出的工程岩体劣化模型及其回采巷道围岩稳定性分析的合理性与可靠性,采用 11050 工作面回风平巷掘进期间两个不同位置测站的围岩变形量现场实测数据与数值模拟结果进行对比,如图 4-12 所示。为了简化图表使之方便对比,图 4-12 中工程岩体劣化模型只列出 GSI_t 取最大($GSI_t = 70$)和最小值($GSI_t = 10$)时的模拟结果,用以与应变软化模型模拟结果和现场实测数据进行对比。由于数值模拟并未考虑岩体强度和节理产状的非均质性,因此数值模拟结果的变化趋势比现场实测结果平稳。

表 4-7 为巷道监测位置距离掘进工作面 35 m 之后,采用不同模型获得的围岩变形量与现场实测数据的对比。结合图 4-12 和表 4-7,从顶板下沉量、两帮移近量和底鼓量三个方面可以看出,工程岩体劣化模型的模拟结果与现场实测数据的差值普遍较小,比应变软化模型更接近实测数据,能够更真实地反映围岩变形状态,从而验证了工程岩体劣化原理的可行性和过程的正确性。

表 4-7　巷道掘进期间数值模拟与现场实测围岩变形量数据对比

力学模型	围岩变形量	与测站 1 差值/mm	与测站 2 差值/mm
应变软化模型	顶板下沉量	32.2	22.1
	两帮移近量	41.8	60.7
	底鼓量	19.9	32.7
拉伸劣化模型 ($GSI_t = 70$)	顶板下沉量	21.2	11.1
	两帮移近量	18.1	37.0
	底鼓量	6.7	19.5
拉伸劣化模型 ($GSI_t = 10$)	顶板下沉量	7.1	−3.0
	两帮移近量	−10.1	8.8
	底鼓量	−11.1	12.8

在实际应用中,为了更严谨准确地进行巷道围岩稳定性仿真分析,GSI_t 的具体取值可以根据现场观测、理论估算或参数反演得到。

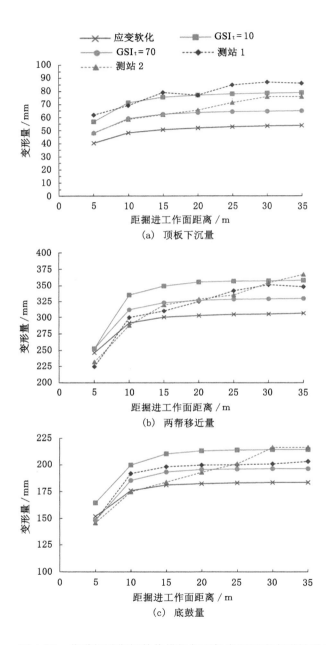

图 4-12 巷道掘进期间数值模拟与现场实测围岩变形量对比

4.7 本章小结

（1）基于岩石峰后破裂的力学特性和应变软化本构模型的软化特征分析，揭示了工程岩体拉伸破裂后杨氏模量劣化的力学机制，指出了其在工程围岩稳定性仿真模拟中的重要意义和价值。

（2）建立了工程岩体拉伸劣化关系式，分析岩体残余杨氏模量 E_r 与裂隙发育程度 GSI_r 的量化关系，研究了拉伸劣化系数 A 的量化计算方法，可通过现场实测或理论经验估算劣化程度。

（3）研究了工程岩体劣化的算法流程，对 $FLAC^{3D}$ 内置的应变软化模型进行二次开发，增加了拉伸劣化算法，形成了新的工程岩体劣化模型。

（4）在回采巷道工程算例中，以岩石力学试验数据为基础，采用胡克-布朗强度准则和 GSI 分级进行岩体力学参数计算，针对理想弹塑性模型、应变软化模型和工程岩体劣化模型进行数值模拟，并与现场实测结果进行对比分析，研究了巷道围岩变形和支护体受力状态的峰后劣化效应。

研究表明：回采巷道围岩峰化应变软化与拉伸劣化效应十分显著，工程岩体劣化模型的计算结果更接近工程实际，验证了模型原理的可行性和算法模块的正确性。工程岩体劣化及其模拟方法使基于连续介质的数值模拟过程更加合理严谨，模拟结果更加真实可靠。针对工程岩体的失稳机理分析、稳定性控制对策研究、支护设计优化等提供了更可靠的仿真模拟方法，特别是对易受拉破裂的工程环境具有普遍的应用价值。

5　大采高工作面采动应力场演化规律

采动影响是回采巷道围岩变形破坏的关键和主要因素,采动应力场的演化规律是巷道布置与控制设计的重要依据。采动应力分布的数值模拟,是回采巷道矿山压力控制的基础。为此,针对采动覆岩垮落带和裂隙带特征,研究垮落带碎胀岩体的力学特性,探讨垮落带的参数反演及其数值模拟方法,采用工程岩体劣化模型模拟裂隙带,实现采动覆岩及其应力场的模拟,为回采巷道采动影响模拟分析提供可靠的方法。并以工程实例为背景,模拟分析大采高工作面采动应力场的演化规律。

5.1　采空区冒落岩体压实力学机制

5.1.1　采场覆岩运移的基本特征

煤炭的采出使采场围岩中原始应力状态遭到破坏,在覆岩应力重新分布过程中,直接顶垮落、基本顶及其上部岩层运移或弯曲下沉等岩层移动现象也随之出现。采用全部垮落法处理采空区时,直接顶随着工作面推进逐渐垮落,垮落后的松散岩体充填采空区形成垮落带,基本顶及其上部岩层发生离层并运移后形成裂隙带,高位覆岩发生弯曲下沉后形成弯曲下沉带。裂隙带及弯曲下沉带的覆岩得到垮落带的支撑,在覆岩压力作用下垮落带逐渐被压实并支撑上覆岩层。

钱鸣高院士等在总结大量经验成果和现场观测的基础上,提出了描述采场顶板活动规律的"砌体梁"假说[125]和"关键层"理论[126],其覆岩结构示意如图5-1所示,其中沿竖直方向将采动覆岩自下而上分为"三带":垮落带Ⅰ,裂隙带Ⅱ,弯曲下沉带Ⅲ;沿工作面推进方向又分为煤壁支撑区A,顶板离层区B,采空压实区C。

工作面采空区内冒落岩体在上覆岩层压力作用下由松散状态变为压实状态且支撑能力逐渐提高,最终形成承载体支撑上覆岩层,这一动态力学过程实质上是围岩应力与覆岩运移及垮落带逐渐压实的耦合作用过程,围岩应力集中引起覆岩运移,覆岩运移又导致围岩应力分布演化。其中,支撑压力分布是采动应力场的核心,是沿空掘巷布置、回采巷道围岩控制、冲击地压防治、煤与瓦斯突出防治等实际问题的理论基础和重要依据[127-131]。

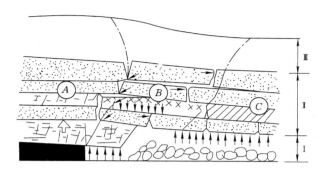

图 5-1　采场覆岩结构示意图

国内外学者对采动应力场的分布特征都十分关注,基于连续介质的数值模拟方法被广泛应用。在数值模拟计算中,通常以开挖方式处理工作面采空区,并未考虑垮落带的渐进压实特性及裂隙带特征的影响;或者将采出空间或垮落带赋予软弱岩性,并不符合垮落带压实过程的力学特性;或者选择适合垮落带特性的本构模型,但力学参数选取缺少依据。帕帕斯和马克指出采空区破碎松散的冒落岩体压实力学特性对探究长壁工作面开采引起的围岩扰动具有重要意义,并通过试验研究了破碎松散岩体的压实力学特性;张振南、马占国等通过松散岩块的压实试验,分析了变形模量与轴向应力、轴向应变的关系;亚维茨以英国某煤矿的开采沉陷为背景,认为采空区内岩体压实和应力恢复主要与采高、埋深等参数有关,并采用FLAC 数值计算软件反演了采空区压实力学特性;白庆升、屠世浩等基于采空区压实理论进行了 FLAC^{3D}反演分析。近年来,一些学者采用连续介质数值模拟方法,对采空区进行等效模拟或近似等效处理。目前,相关研究主要集中在采空区内冒落岩体的力学特性方面,数值模拟未能正确反映垮落带岩体的压实力学特性,且采动影响下裂隙带岩体的力学特征及其对采动应力场的影响却鲜有探索。

垮落带松散岩体的压实与承载力学特性,是采空区应力恢复与分布规律的研究基础,明显影响着采动应力场特别是支撑压力分布。覆岩裂隙带范围较大、裂隙纵横,裂隙带岩层的采动劣化对采动应力场的影响是不应被忽略的。因此,在前人有关研究成果的基础上,基于采动应力场和覆岩破坏特征的耦合分析,综合研究采动影响下垮落带冒落岩体的压实承载特性和裂隙带岩体的拉伸劣化特性,通过对 FLAC^{3D}中本构模型的二次开发,研究其在连续介质数值模拟中的耦合再现技术,进而提出较真实严谨的采动应力场仿真研究方法,并结合工程实例验证该方法的可行性及效果。研究工作对支撑压力分布、区段煤柱稳定性、沿空掘巷布置、回采巷道采动影响与控制设计、冲击地压危险评估、煤与瓦斯突出防治、岩层与地表移动等方面,具有重要的理论意义及应用价值。

5.1.2 采动覆岩破坏高度

长壁工作面开采过程中,上覆岩层将不断发生垮落及破断运移,在采空区形成覆岩"三带"结构,其中垮落带和裂隙带直接影响着采动应力分布和覆岩运移,"两带"高度及其力学特性是采动应力场仿真模拟中极其重要的组成部分,对水体下采煤及下解放层开采等具有重要意义[132]。

垮落带和裂隙带的高度可由经验估算获得。根据钱鸣高院士等学者的经验总结,垮落带和裂隙带高度与覆岩岩性和煤层采高有关,一般情况下,软弱覆岩的"两带"高度为采高的 $9\sim12$ 倍,在中硬覆岩条件下为 $12\sim18$ 倍,在坚硬覆岩条件下为 $18\sim28$ 倍。

由于经验估算法在复杂多变的采场围岩条件中很难保证结果准确性。采用钻孔双端堵水器、钻孔冲洗液漏失量等方法,通过现场实测可得到具体工程条件下的覆岩"两带"高度。在大量现场实测分析的基础上,国内外学者研究提出了工作面垮落带和裂隙带高度的计算公式。Palchik[133]结合乌克兰顿涅茨克煤田的实践经验和前人理论分析成果,认为垮落带高度与采高和碎胀系数有关,即

$$H_c = \frac{h}{b-1} \tag{5-1}$$

式中: H_c 为垮落带高度; h 为采高; b 为碎胀系数。

Bai 等[134]在中国、美国大量现场实测数据的基础上进行统计回归分析,得到了具有较高精确性的垮落带和裂隙带高度回归计算式[134],见式(5-2)。该计算方法包含了不同强度的岩体对"两带"高度的影响,因而得到广泛应用。

$$\begin{cases} H_c = \dfrac{100h}{c_1 h + c_2} \\ H_f = \dfrac{100h}{c_3 h + c_4} \end{cases} \tag{5-2}$$

式中: H_c 为垮落带高度; H_f 为裂隙带高度; h 为采高; c_1,c_2,c_3,c_4 为岩层强度系数,见表 5-1。

表 5-1 垮落带和裂隙带岩层强度系数

岩性	单轴抗压强度/MPa	c_1	c_2	c_3	c_4
坚硬岩层	>40	2.1	16.0	1.2	2.0
中硬岩层	20~40	4.7	19.0	1.6	3.6
软弱岩层	<20	6.2	32.0	3.1	5.0

结合 4.1.1 节赵固二矿二$_1$ 煤层岩石物理力学参数试验结果和公式(5-2)，计算得到二$_1$ 煤层工作面回采过程中的垮落带高度为 12.7 m，裂隙带高度为 45.5 m。

5.1.3　垮落带压实承载过程的力学特性

随着工作面推进，直接顶发生冒落及碎胀，充填采空区的垮落带岩体最初呈现松散状态，在裂隙带及弯曲下沉带的沉降荷载作用下逐渐压实同时支撑上覆运移岩层。垮落带岩体的渐进压实过程及其承载力学特性，对采空区和煤体的应力状态有着极其重要的影响。国内外学者对这一演变过程中的岩体力学响应特性进行了大量的理论和试验研究[135-140]，其中由萨拉蒙（Salamon）提出的破碎岩体压缩过程的应力-应变关系[见式(5-3)]被广泛认可并应用[141]。

$$\sigma = \frac{E_0 \varepsilon}{1 - \varepsilon / \varepsilon_m} \tag{5-3}$$

式中：σ 为垮落带岩体所受垂直应力；E_0 为岩体初始正切模量；ε 为垂直应力作用下垮落带岩体的应变量；ε_m 为岩体碎胀后最大应变。

其中参数 E_0 主要受岩体的碎胀系数 b 和单轴抗压强度 σ_c 的影响。Yavuz[142] 基于前人研究中大量不同岩石的单轴压缩试验数据，通过三维回归分析得到了 E_0 的表达式，即

$$E_0 = \frac{10.39 \sigma_c^{1.042}}{b^{7.7}} \tag{5-4}$$

岩体碎胀后能达到的最大应变 ε_m 可由碎胀系数 b 得到，即

$$\varepsilon_m = \frac{b - 1}{b} \tag{5-5}$$

联立式(5-1)、式(5-2)可得碎胀系数与岩层强度系数和采高的关系，即

$$b = 1 + \frac{c_1 h + c_2}{100} \tag{5-6}$$

由式(5-3)、式(5-4)、式(5-5)得到垮落带岩体压实过程中的应力-应变关系式，即

$$\sigma = \frac{10.39 \sigma_c^{1.042}}{b^{7.7}} \cdot \frac{\varepsilon}{1 - \frac{b}{b-1}\varepsilon} \tag{5-7}$$

式(5-7)反映了垮落带岩体压实过程的力学特性。由式(5-7)及式(5-3)、式(5-4)、式(5-5)可知，垮落带岩体压实过程中的应力-应变关系由碎胀系数 b 和单轴抗压强度 σ_c 确定，其中碎胀系数对压实力学特性的影响更为显著。

图 5-2 为岩体单轴抗压强度为 30 MPa，不同碎胀系数时垮落带岩体应力-应变曲线。可以看出，垮落带岩体的应力随着应变的增长而明显提高，高碎胀系

数岩体的应力上升趋势比低碎胀系数岩体更平缓,同时岩体碎胀系数对碎胀后最大压缩应变的影响很大。

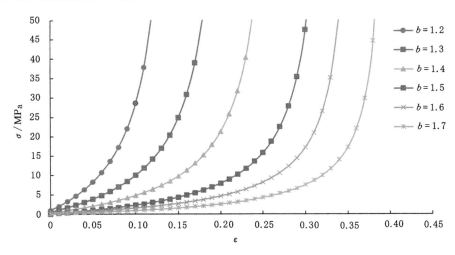

图 5-2 岩体不同碎胀系数时垮落带岩体应力-应变曲线

图 5-3 为碎胀系数为 1.3 和 1.5,岩体不同单轴抗压强度时垮落带岩体应力-应变曲线。可以看出,在碎胀系数相同的前提下,高强度垮落岩体的应力明显大于低强度岩体,相同应变下高强度垮落岩体的应力总是大于低强度岩体。

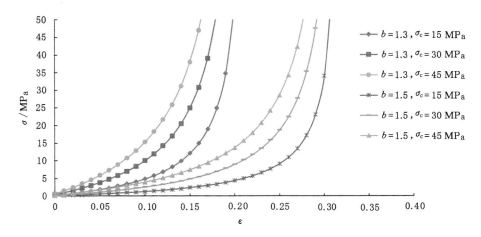

图 5-3 岩体不同单轴抗压强度时垮落带岩体应力-应变曲线

通过上述分析可以看出,垮落带岩体力学特性公式(5-7)能够准确反映垮落带岩体在覆岩压力作用下从松散低刚度状态到压实高刚度状态的力学特性演化,表征了垮落带岩体逐渐压紧密实的工程实际过程,定量表达了整体刚度随体积减小到最终压实呈现指数性增长的支撑上覆岩层过程中的力学行为。需要注意的是,垮落岩体体积永远无法压实至初始完整体积,仍保留残余碎胀。

5.1.4 采空区模型力学特性的数值模拟反演

针对如何在数值模拟研究中准确地体现垮落带岩体压实过程中的力学特性问题,国内外学者进行了大量探索,目前主要实现方法是采用弹性模型或双屈服模型充填采空区和垮落带,其中双屈服模型在近年来更多地被科研人员认可并运用。

将赵固二矿二$_1$煤层岩石物理力学参数代入式(5-5)、式(5-6),得到二$_1$煤层工作面后方采空区内垮落带岩体碎胀后的最大应变 ε_m 为 0.32,碎胀系数 b 为 1.47。将这两个参数代入式(5-3)、式(5-4)可得到垮落带岩体压实过程中的应力-应变关系。

在数值模拟研究中准确再现采空区内垮落岩体压实—支撑过程的力学响应,是真实模拟回采过程中工作面前后支撑压力分布、煤柱受力状态、巷道围岩稳定性的重要基础,并为研究沿空掘巷合理位置和支护设计等工程问题提供科学依据。为此,在FLAC^{3D}数值计算模型中进行了单轴压缩的模拟试验,采用试错反演法得到与理论解拟合较好的模型应力-应变关系,如图 5-4 所示。数值模拟反演得到的垮落带双屈服模型力学参数见表 5-2。

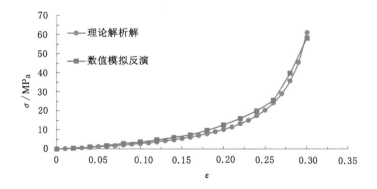

图 5-4 双屈服模型力学特性的数值模拟反演

表 5-2　垮落带双屈服模型力学参数

K/MPa	G/MPa	γ/(kg/m³)	c/MPa	φ/(°)	σ_t/MPa
19 900	1 000	1 700	0.001	30	0

5.1.5　裂隙带岩体的拉伸劣化力学特性

岩体抗拉强度很低,且远小于抗压强度及抗剪强度,在拉应力作用下节理和裂隙极易扩展甚至贯通,工作面围岩特别是顶底板岩层中会产生拉应力及拉伸破裂。随着工作面推进及垮落带碎胀岩体充填采空区,上覆悬露岩层在弯曲拉应力作用下发生挠曲下沉及离层,在拉应力超过岩层抗拉强度的部位,拉伸裂隙扩展甚至产生拉破裂,破断运移后得到垮落带碎胀岩体的支撑,形成拉伸裂隙及离层裂隙发育的裂隙带。第 4 章建立的工程岩体劣化模型在动态识别围岩破坏形态的基础上,根据破坏类型对其进行应变软化和杨氏模量劣化,实现了岩体拉伸破裂后根据裂隙发育程度对杨氏模量的劣化,较真实严谨地反映裂隙带岩体的力学特性,对覆岩裂隙带模拟与采动应力场演化研究具有重要意义。

5.2　采动应力场与覆岩"两带"耦合分析

基于上述采动覆岩"两带"破坏特征及其力学机制,考虑采空区垮落带压实承载力学特性与裂隙带岩体破断劣化特性的动态演化力学过程,研究提出采动应力场与采空区覆岩的耦合分析方法,如图 5-5 所示。

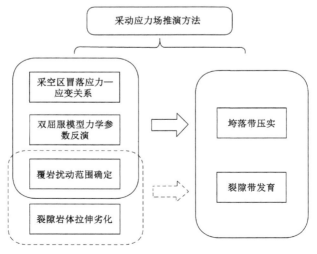

图 5-5　采动应力场与采空区覆岩耦合分析方法

根据工作面地质条件和岩石物理力学性质,计算或实测得到垮落带范围,依据垮落带岩体压实过程的力学特性,建立垮落岩体精细数值模型,采用试错反演得到符合垮落带压实过程应力-应变关系的模型力学参数,通过以上步骤实现采空区垮落带压实过程的力学特性模拟。计算或实测得到裂隙带范围,根据裂隙带岩体的拉伸劣化特性,实现上覆裂隙带中裂隙发育过程的模拟。在连续介质的数值模拟中,垮落带压实和裂隙带力学特性的仿真模拟使采动应力场分析与采空区覆岩力学特征相耦合,从而可以提高采动影响研究过程的严谨性和结果的可靠性。

5.3 大采高工作面采动应力场演化规律

5.3.1 模型建立

随着采煤工作面的推进,垮落带岩体冒落碎胀并充填采空区,在覆岩压力作用下压实并支撑裂隙发育显著的上覆裂隙带岩层。覆岩裂隙带岩体以弯曲拉伸应力状态及拉伸破裂为主,适合采用工程岩体劣化模型进行模拟分析。为此,采用工程岩体劣化模型和参数反演后的垮落带双屈服模型,对赵固二矿 11030 大采高工作面采动应力场演化规律进行数值模拟研究。

根据对称性原则,以 11030 工作面倾向中线为对称轴,建立三维数值模型如图 5-6(a)所示。模型沿工作面走向长 350 m,其中工作面走向长度为 250 m,前后各留 50 m 边界;倾向长度 180 m,工作面二分之一的长度为 90 m,倾向边界煤柱宽度 90 m;高 120 m。模型顶部施加 15 MPa 的垂直应力,X、Y 方向的水平应力分别为垂直应力的 0.8 和 1.2 倍,模型四周和底部采用位移限定边界。三维模型中各岩层采用工程岩体劣化模型,岩层力学参数见表 4-4。根据计算分析,裂隙带高度为 45.5 m,裂隙带按照中硬覆岩条件 GSI_t 取值 50。随着工作面推进,后方垮落带高度为 12.7 m,垮落带碎胀岩体由双屈服模型填充进行等效模拟,力学参数见表 5-2。

为了测量采煤工作面前方支撑压力分布、后方采空区应力恢复和煤柱应力集中状态,在模型中煤层上方直接顶布置如图 5-6(b)中虚线所示的四条应力测线,其中测线 1#、2#、3# 沿工作面推进方向布置,分别位于工作面中央对称轴、距工作面边界 45 m 处和工作面边界位置,贯穿整个模型走向;测线 4# 垂直于工作面推进方向布置,在边界煤柱中从工作面边界延伸至模型倾向边界。工作面推进 200 m 后记录工作面前后和煤柱位置的垂直应力分布,探究大采高工作面采动应力场演化规律。

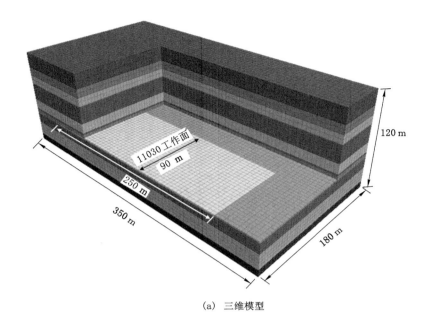

(a) 三维模型

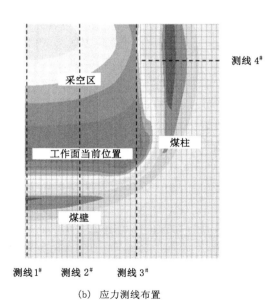

(b) 应力测线布置

图 5-6 采动应力场演化 FLAC^{3D}模型

5.3.2　工作面前后支撑压力演化规律

图 5-7 为一次采高为 3 m 和 6 m 的工作面推进 200 m 时前后垂直应力分布平面图,可以看出随着工作面的推进,采场围岩内部应力重新调整和分布,在工作面前方煤壁出现垂直应力集中区,即超前支撑压力区;工作面后方采空区内垮落带岩体在上覆岩层作用下逐渐被压实,出现卸压与应力恢复现象,即随着远离工作面,采空区内垂直应力逐渐增大。

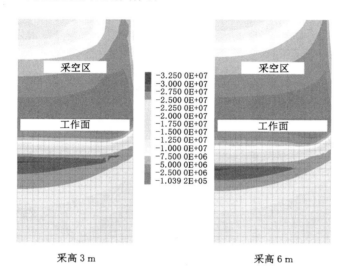

采高 3 m　　　　　　　　　　　采高 6 m

图 5-7　工作面垂直应力分布平面图

图 5-8(a)、(b)、(c)分别为工作面中部、距边界 45 m 及工作面边界位置(即测线 1#、2#、3#)的垂直应力分布曲线。可见,工作面前方煤壁和后方采空区内的垂直应力分布在工作面不同部位存在着一定的差异,沿着工作面长度范围(x=0~90 m)并非均匀分布。在整个工作面范围内煤壁和采空区内的垂直应力峰值点均位于工作面中部,由中部向边界逐渐降低。

通过图 5-7、图 5-8 可以看出,采高的增加对工作面前方支撑压力分布有显著影响,主要体现为煤壁前方支撑压力峰值降低、峰值影响区域前移、煤壁应力降低区扩大、应力集中影响范围增大。采高增加的影响在工作面中部前方煤壁效果最显著,采高由 3 m 增加到 6 m 时,支撑压力峰值由 32.3 MPa 降低至 30.9 MPa,峰值位置前移 8.4 m;在距边界 45 m 处的前方煤壁,支撑压力峰值由 30.6 MPa 降低至 29.4 MPa,峰值位置前移 4.8 m;在工作面边界的前方煤壁,支撑压力峰值仅由 27.9 MPa 升高至 27.7 MPa,比中部煤壁峰值分别下降了 4.4 MPa 和 3.2 MPa,峰值位置前移 0.6 m。

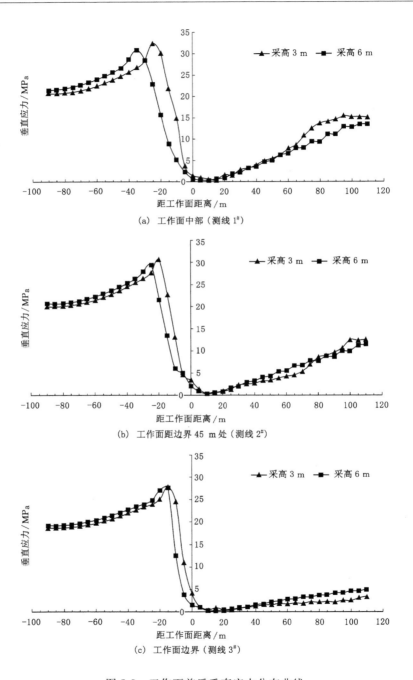

(a) 工作面中部（测线 1#）

(b) 工作面距边界 45 m 处（测线 2#）

(c) 工作面边界（测线 3#）

图 5-8　工作面前后垂直应力分布曲线

　　工作面后方采空区冒落岩体压实造成的应力恢复规律可由图 5-7、图 5-8 观察得到。采空区应力恢复在工作面长度方向有着显著的差异,采空区中部的应力恢复较高,距离采空区边界越近应力恢复越低。采高的增加对应力恢复也有明显影响,在采空区中部工作面后方 110 m 处,采高为 3 m 时采空区内垂直应力恢复到原岩应力的 88.7%,而采高为 6 m 时仅恢复到原岩应力的 79.3%,应力恢复速度较慢。这是由于垮落带和裂隙带的高度与采高成正比,大采高工作面扩大了开采扰动导致的覆岩破坏范围,使采动覆岩需要更长的时间重新调整应力达到稳定。文献[142]给出了采空区应力恢复至原岩应力时距工作面的距离与采高、埋深等参数的关系表达式,即

$$X_{cd} = 0.2H^{0.9}6^{S_m/h} \tag{5-8}$$

式中:X_{cd} 为采空区内应力恢复至原岩应力的点距工作面的距离;H 为埋深;S_m 为 X_{cd} 位置的地表下沉量;h 为采高。

　　可以看出 X_{cd} 与 h 呈负相关关系,即采高越大,恢复到原岩应力的点距离工作面越远。由于作者特别说明该式仅适用于与英国煤矿有相近地表沉陷和围岩性质特征的矿井,因此用式(5-8)不能准确推算赵固二矿工程背景下的采空区内应力恢复距离。

　　在距边界 45 m 的采空区部位,采高为 3 m 和 6 m 的采空区应力恢复差异不大,垂直应力升高速度基本相近,在工作面后方 110 m 的采空区位置分别恢复到原岩应力的 73.7% 和 67.4%。而在采空区边界位置,应力恢复特征与采空区中部相反,采高为 3 m 时,采空区内垂直应力在工作面后方 110 m 处恢复到原岩应力的 20.1%,而采高为 6 m 时,在相同位置恢复到原岩应力的 30.0%。这一现象与其他学者的研究结果一致[143],这是由于采空区边界位于侧向基本顶采动覆岩结构下方,围岩应力调整过程中应力主要向采空区中部压实区和煤柱侧转移,因此采空区边界应力恢复程度显著低于采空区中部。由于大采高工作面垮落带、裂隙带高度和覆岩破坏范围的增加,采空区中部大范围的覆岩破坏减缓了应力恢复速度,使采空区围岩应力调整时部分应力由中间向两侧转移;同时采高的增大使侧向基本顶悬露高度增加,使得采空区边界位置的覆岩压力随之增大。

5.3.3　侧向煤柱集中应力与力学状态演化规律

　　随着工作面的推进,采场围岩内部应力重新调整和分布,除了在工作面前方煤壁产生超前支撑压力,同时也在采场一侧未开采的煤柱上形成垂直应力集中。煤层采出后,垂直应力在紧邻开挖空间的煤柱集中,煤柱边缘区域在垂直应力的作用下发生塑性破坏后卸压,集中应力逐渐向远离采空区的煤柱深部转移,煤体塑性破坏区也逐步向煤柱深部扩展直至弹性应力区边界,这部分区域被称为应力极限平衡区[144]。

图 5-9(a)为一次采高为 3 m 和 6 m 时采空区侧向煤柱上的垂直应力分布平面图,图 5-9(b)为采空区走向方向中线处垂直应力分布,可以看到采高对侧向煤柱垂直应力集中分布的影响非常显著。采高为 3 m 时,侧向煤柱上的应力集中峰值位置转移至煤柱内部 12.9 m 处,即煤柱应力极限平衡区宽度为 12.9 m,垂直应力峰值为 34.1 MPa;采高为 6 m 时,侧向煤柱中应力集中区整体向煤柱深部移动,应力极限平衡区宽度为 24.2 m,且应力集中范围扩大,垂直应力峰值为 34.7 MPa。煤层一次采出厚度由 3 m 增大至 6 m 时,侧向煤柱中应力极限平衡区宽度由 12.9 m 增大到 24.2 m,范围扩大系数为 1.88。因此,采高对侧向煤柱应力极限平衡区宽度、集中应力程度有着显著影响,是沿空掘巷合理煤柱宽度、稳定性分析与支护设计的重要因素。

煤柱中的应力极限平衡区宽度是设计煤柱尺寸、计算侧向顶板断裂位置和确定沿空掘巷合理位置等研究工作的重要指标[145-149]。应力极限平衡区宽度可由式(5-9)得到,即

$$x_0 = \frac{hA}{2\tan \varphi_0} \ln(\frac{K\gamma H + \dfrac{c_0}{\tan \varphi_0}}{\dfrac{c_0}{\tan \varphi_0} + \dfrac{P_x}{A}}) \tag{5-9}$$

式中:x_0 为应力极限平衡区宽度;h 为采高;A 为侧压系数;φ_0 为煤层界面的内摩擦角;K 为最大垂直应力集中系数;γ 为上覆岩层体积力;H 为埋深;c_0 为煤层界面黏聚力;P_x 为支架对煤帮的支护强度。

由于 c_0 和 φ_0 是煤层与顶底板岩体交界面的力学参数,故低于煤体的 c 和 φ 值。根据表 4-4 中二$_1$ 煤的力学参数,取 c_0 和 φ_0 分别为 0.7 MPa 和 26°,其他参数与数值模型取值一致(见表 5-2),计算得到采高为 3 m 时,应力极限平衡区宽度为 12.2 m;采高为 6 m 时,应力极限平衡区宽度为 24.4 m。

上述数值模拟计算结果与理论计算结果基本吻合,表明采用所建立的工程岩体劣化模型和研究得到的垮落带力学特性及其双屈服模型反演参数,进行采动应力和巷道稳定性的数值仿真是可靠的。

随着工作面的推进,采空区上覆岩层垮落,基本顶经过初次破断和周期破断后,采场覆岩沿工作面走向形成如图 5-1 所示的砌体梁结构,沿工作面倾向形成如图 5-10 所示的侧向覆岩结构。煤柱应力极限平衡区中煤体变形破坏后应力释放,形成卸压区,将图 5-9(a)中垂直应力低于原岩应力的卸压区域单独标注,得到采高为 3 m 和 6 m 时侧向煤柱卸压区分布如图 5-11 所示。采高为 3 m 时,侧向煤柱卸压区沿工作面推进方向分布相对比较均匀,宽度最大值 9.7 m 出现在工作面后方不远处,宽度最小值 4.6 m 出现在工作面后方 60 m

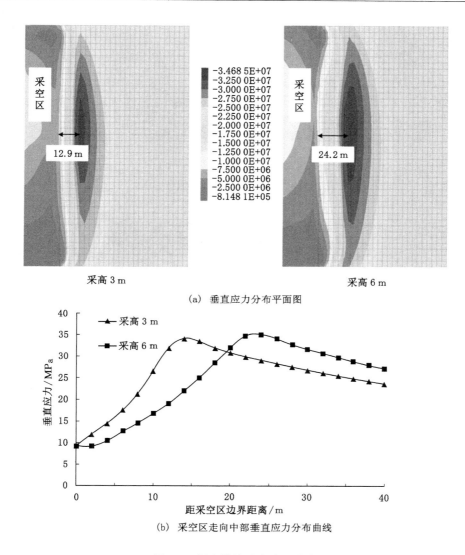

（a） 垂直应力分布平面图

（b） 采空区走向中部垂直应力分布曲线

图 5-9 侧向煤柱垂直应力分布

处；采高为 6 m 时，侧向煤柱卸压区沿工作面推进方向的分布则较不均匀，宽度最大值 14.1 m 同样出现在工作面后方不远处，宽度最小值 5.3 m 则出现在工作面后方 78 m 处。大采高工作面后方侧向煤柱的应力降低区更大，稳定位置距离工作面更远，意味着大采高对采空区覆岩走向和倾向方向的扰动更显著，采动影响范围更广。

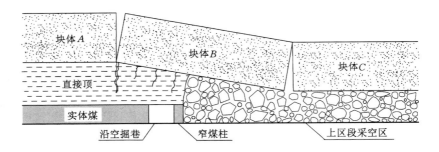

图 5-10　采空区侧向覆岩结构示意图

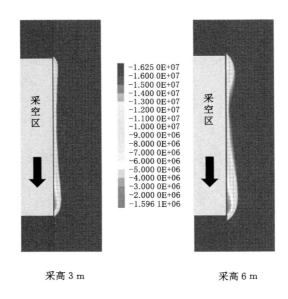

采高 3 m　　　　　　　　　　　　　采高 6 m

图 5-11　不同采高条件下煤柱卸压区分布

5.3.4　工作面采动应力场演化规律

　　根据不同采高对工作面前后支撑压力分布和侧向煤柱垂直集中应力分布的影响可知,厚煤层大采高条件下,一次开采煤层厚度大,集中应力作用范围大,采动影响剧烈。采高对侧向煤柱的应力分布与力学状态有很大关系,是煤柱尺寸设计和稳定性分析、沿空掘巷合理位置确定等研究中的关键参数,可以采用工程岩体劣化模型和垮落带力学特性及其双屈服模型反演参数进行数值仿真研究。

5.4 采动应力场的覆岩破裂劣化效应

5.4.1 裂隙带岩体等效劣化模拟方法

煤层开采后,直接顶垮落后的松散岩体充填采空区并支撑上覆岩层,基本顶以上覆岩破裂运移或弯曲下沉,形成自下而上的"三带"结构。其中裂隙带由裂隙发育、排列相对整齐、未失稳冒落的岩体组成,裂隙带内裂隙纵横相互贯通,使上覆含水层内承压水容易通过裂隙通道流入采空区和工作面。国内外学者在裂隙带高度判断与预测等方面做了大量研究工作[150-154],但对于裂隙带的岩体完整性、节理裂隙发育程度、岩体等效力学性质及其对采动应力场演化的影响却鲜有探索。

垮落带岩体失稳冒落后,覆岩裂隙带内的岩体在应力调整过程中层间离层扩展、垂直裂隙发育,裂隙带岩体表现为节理裂隙发育的工程围岩的力学特性。因此,在大采高采动应力场演化计算模型(见图 5-6)中,对由式(5-2)判别的裂隙带岩体采用二次开发的工程岩体劣化模型,依据岩体强度、完整性和裂隙发育程度对其进行力学性能的等效劣化,选取不同的地质强度指标 GSI_t 和拉伸劣化系数 A(见式 4-8),研究覆岩裂隙带内岩体强度、完整性和节理裂隙发育程度对采动应力场的影响。

如表 5-3 所列,覆岩裂隙带岩体 GSI_t 取值 10、30、50、70,分别表征软弱、较软弱、中硬及坚硬岩层的裂隙等效劣化。

表 5-3 裂隙带岩体劣化参数选取及物理含义

GSI_t	劣化系数 A	岩体强度	岩体完整性
10	0.01	软弱	节理发育、裂隙贯通、完整性差
30	0.03	较软弱	裂隙较发育,完整性较差
50	0.10	中硬	裂隙稍有发育,完整性较好
70	0.30	坚硬	裂隙轻微发育,完整性好

5.4.2 裂隙带发育程度对工作面前后支撑压力分布的影响规律

裂隙带岩体不同裂隙发育程度下,工作面推进 200 m 后前后方支撑压力分布平面图如图 5-12 和表 5-4 所示。可以看出,由 GSI_t 表征的裂隙带内岩体裂隙发育程度对工作面超前支撑压力集中范围及其峰值的影响较为明显。$GSI_t = 70$ 时,裂隙带内岩体受采动影响后,裂隙轻微发育,岩体强度高、完整性好,超前支撑压力峰值为 28.4 MPa,位于工作面前方 30.1 m 处,工作面后方 100 m 处采空

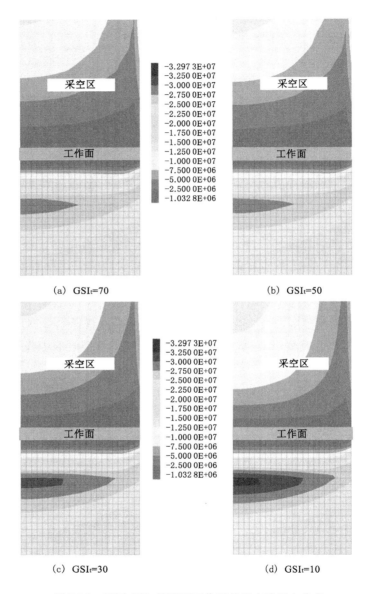

(a) $GSI_t = 70$

(b) $GSI_t = 50$

(c) $GSI_t = 30$

(d) $GSI_t = 10$

图 5-12　不同 GSI_t 情况下工作面前后支撑压力分布

区应力为 12.8 MPa；$GSI_t = 50$ 时，裂隙带内岩体裂隙发育程度稍高于 $GSI_t = 70$ 时，岩体仍保持较高强度和较好完整性，超前支撑压力峰值为 28.5 MPa，位于工作面前方 30.2 m 处，工作面后方 100 m 处采空区应力为 13.3 MPa；$GSI_t = 30$

时,裂隙带内岩体裂隙发育程度较高,在裂隙发育影响下岩体强度较弱且完整性较差,超前支撑压力峰值为 30.7 MPa,位于工作面前方 30.4 m 处,工作面后方 100 m 处采空区应力为 13.7 MPa;$GSI_t = 10$ 时,裂隙带内岩体发育程度高、裂隙之间彼此连接贯通,使得岩体破碎、完整性差、力学性能软弱,超前支撑压力峰值为33.0 MPa,位于工作面前方 30.6 m 处,工作面后方 100 m 处采空区应力为 14.9 MPa。而且,随着覆岩裂隙带发育程度的增加,超前支撑压力集中范围明显扩大。

表 5-4 裂隙带不同岩体特性的支撑压力分布

GSI_t	超前支撑压力峰值/MPa	峰值位置/m	采空区应力恢复/MPa
10	33.0	30.6	14.9
30	30.7	30.4	13.7
50	28.5	30.2	13.3
70	28.4	30.1	12.8

由此可见,裂隙带的岩体裂隙发育程度与超前支撑压力集中程度(应力集中范围及其峰值)呈正相关,对峰值位置基本没有影响。超前支撑压力集中程度变化的力学机制在于:随着裂隙带岩体裂隙发育程度的增加,加剧了岩体峰后力学性能的劣化,并使覆岩裂隙带高度降低,弯曲下沉带总厚度相应地扩大。在工作面推进过程中,裂隙带岩层的运移比较充分,在工作面后方的悬跨度较小,所转移到工作面前方的集中荷载较低;而弯曲下沉带处于滞后缓慢弯曲下沉状态,在工作面后方的悬跨度大,所转移到工作面前方的集中荷载较高,形成的应力集中程度也较高。因此,在高位弯曲下沉带的地质条件相同时,随着裂隙带裂隙发育程度的增加,会导致超前支撑压力集中程度的升高。

裂隙带裂隙发育程度对工作面后方采空区应力分布也有一定影响,采空区内应力恢复速度随裂隙带发育程度的增加而加快。其力学机制在于:裂隙带的岩体裂隙发育程度越高、稳定性越差,在工作面推进过程中,更容易得到采空区垮落带岩体的支撑;覆岩高位弯曲下沉带高度增加,转移到采空区内的荷载也有所增加。因此,在裂隙带裂隙发育程度较高的条件下,采空区应力恢复有所加快。而坚硬完整的裂隙带及其高位弯曲下沉带的运移比较滞后,采空区应力恢复较慢。

5.4.3 裂隙带发育程度对侧向煤柱集中应力分布的影响规律

裂隙带岩体不同裂隙发育程度下,工作面推进 200 m 后侧向煤柱上垂直集中应力分布平面图见图 5-13。可见,裂隙带发育程度对侧向煤柱上垂直集中应力的分布范围有明显影响,对峰值大小及其峰值点位置基本没有影响。不考虑与工作面相对位置时,在 GSI_t＝10～70 范围内,煤柱上集中应力最高处的垂直应力峰值及峰值位置(或应力极限平衡区宽度)见表 5-5,可见裂隙带发育程度对其影响不大。当 GSI_t 由 70 降低至 10 时,侧向煤柱内高垂直应力集中区的范围有所缩小,其整体滞后工作面的距离也相应减小。这是由于覆岩裂隙带的裂隙发育程度越高,采空区覆岩运移使垮落带压实支撑的时间越短,从而使侧向煤柱上的应力集中区域范围有所缩小,且滞后距离减小。

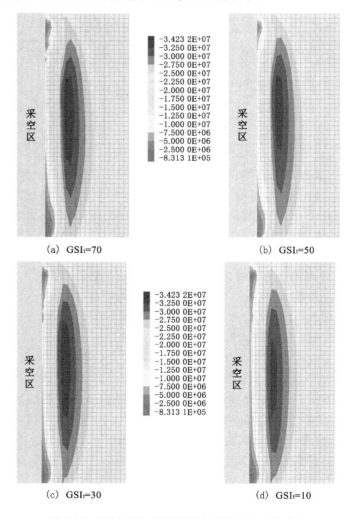

图 5-13　不同 GSI_t 情况下侧向煤柱集中应力分布

表 5-5　不同 GSI$_t$ 情况下侧向煤柱垂直应力峰值

GSI$_t$	垂直应力峰值/MPa	距采空区距离/m
10	33.2	21.4
30	34.2	21.3
50	33.9	21.2
70	34.2	21.2

裂隙带岩体不同裂隙发育程度下,工作面推进 200 m 后以工作面中心线对称的采场围岩(工作面前方煤壁、采空区、煤柱)垂直应力分布平面图如图 5-14 所示。图中椭圆形标注为采空区内垂直应力高于 12.5 MPa,即恢复到原岩应力 76.9％的区域(以下简称近原岩应力区),设椭圆沿 x 方向轴长为 a,沿 y 方向轴长为 b。图中箭头标注分别为该区域距工作面和采空区边界的距离,以及煤柱垂直应力峰值点滞后于工作面的距离。

由图 5-14 可见,裂隙带发育程度对工作面周围采动应力分布有着一定的影响,随着裂隙带发育程度的增加,采动应力场分布特征变化体现在三方面:① 超前支撑压力集中程度升高;② 侧向煤柱上应力集中区域范围及其滞后距离有所缩小;③ 采空区应力恢复有所差异。

GSI$_t$＝70 时,采空区近原岩应力区形状为 $a:b\approx1.65$ 的椭圆,滞后工作面 100.9 m,距离采空区边界 36.7 m;GSI$_t$＝50 时,近原岩应力区形状为 $a:b\approx$ 1.41 的椭圆,滞后工作面 92.4 m,距离采空区边界 43.9 m;GSI$_t$＝30 时,近原岩应力区形状为 $a:b\approx1.17$ 接近于圆形的椭圆,滞后工作面 89.9 m,距离采空区边界 58.9 m;GSI$_t$＝30 时,近原岩应力区形状为 $a:b\approx0.88$ 的椭圆,滞后工作面 76.8 m,距离采空区边界 63.5 m。通过采空区近原岩应力区形状和位置的演化可知,裂隙带岩体的 GSI$_t$ 值越高,裂隙带岩体完整性和强度越高,基本顶越不易断裂,工作面后方覆岩运移滞后越多,采空区走向近原岩应力区滞后工作面越远;由于工作面推进方向覆岩运移的滞后距离较大,在远离工作面的侧向,覆岩受到较大的附加沉降牵引力,侧向运移比较充分,从而侧向采空区近原岩应力区距离采空边界较近。

因此,随着裂隙带岩体完整性和强度的减弱,采空区近原岩应力区的走向滞后距离减小,侧向与采空边界的距离增大,近原岩应力区形状由 a 为长轴的椭圆形,逐渐演化成 b 为长轴的椭圆形。

对比 GSI$_t$＝10～70 时侧向煤柱内垂直应力分布形态可以看出,尽管裂隙带发育程度对煤柱内垂直集中应力分布形态没有明显影响,但对应力集中区在工作面后方的相对位置有明显影响。GSI$_t$＝70 时,煤柱垂直应力峰值位于工作面

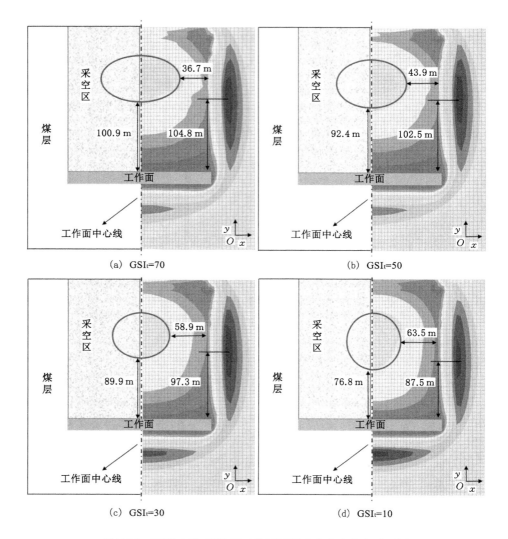

(a) GSI$_t$=70

(b) GSI$_t$=50

(c) GSI$_t$=30

(d) GSI$_t$=10

图 5-14　不同 GSI$_t$ 情况下工作面周围垂直应力分布平面图

后方 104.8 m；GSI$_t$＝50 时，峰值位于工作面后方 102.5 m；GSI$_t$＝30 时，峰值位于工作面后方 97.3 m；GSI$_t$＝10 时，峰值位于工作面后方 87.5 m。由此可见，裂隙带岩体 GSI$_t$ 值越低，完整性和强度越低，工作面推进过程中覆岩运移滞后距离减小，导致侧向煤柱上应力集中区的滞后距离相应地缩小。

5.4.4　采动应力场的覆岩破裂劣化效应

通过以上裂隙带发育程度对采动应力场的演化分析可知，裂隙带岩体的完整性和力学性质不同,对开采扰动后的覆岩三维结构(走向、侧向)运移有显著影响,从而引起采煤工作面超前支撑压力、采空区内应力恢复和侧向煤柱应力集中状态的演化。因此,在实际工程应用中,应根据现场具体工程地质条件,采用覆岩破裂劣化算法,选取或反演合理的劣化系数,这对确保研究过程的正确性和结果的可靠性具有重要意义,尤其是受采动应力场影响显著的研究对象,如区段煤柱优化设计、回采巷道稳定性和支护设计等。

5.5　本章小结

(1)基于采动覆岩结构特征,提出了覆岩开采扰动范围预测方法,研究得到了采空区垮落带岩体压实过程的力学特性及其表达式,采用双屈服模型进行了采空区模型参数反演,得到可以正确反映垮落带岩体压实特性的模型参数。

(2)基于大采高工作面工程地质条件,采用二次开发的工程岩体劣化模型和垮落带双屈服模型反演参数研究了采高对采动应力场演化的影响规律,采高对超前支撑压力分布、采空区应力恢复和侧向煤柱集中应力分布均有显著影响,大采高条件下,集中应力作用范围大,极限平衡区宽度大,采动影响剧烈。

(3)采用二次开发的工程岩体劣化研究了采动应力场的覆岩破裂劣化效应,分析了覆岩裂隙带内裂隙发育程度对采动应力场演化的影响规律及其力学机制。裂隙带岩体的完整性和力学性质对采动覆岩三维结构运移有显著影响,随着裂隙带发育程度的增加,超前支撑压力集中程度升高,侧向煤柱应力集中范围及其滞后距离有所缩小,采空区应力恢复有所差异。

6 沿空掘巷围岩动态演化规律与煤柱尺寸效应

随着开采深度的增加,回采巷道采用留煤柱护巷时所需区段煤柱宽度越来越大,不仅巷道维护困难、维护成本高、煤炭采出率低,且较大尺寸的煤柱形成集中应力导致邻近煤层开采困难,易诱发冲击地压、煤与瓦斯突出等灾害,无煤柱护巷技术是解决以上问题的有效途径。以大采高工作面工程条件为背景,建立不同煤柱宽度的三维数值模型,通过沿空掘巷及采动影响的动态仿真模拟,研究大采高沿空掘巷围岩应力状态与力学特征、掘进和采动影响期间围岩变形与稳定性的动态演化规律,分析煤柱尺寸效应及影响机理。并基于数值模拟分析和现场试验,结合矿压显现、支护技术、通风安全和资源损失等方面,进行煤柱宽度优化,为类似工程条件下沿空掘巷和工作面布置提供依据。

6.1 沿空掘巷数值模型

6.1.1 三维数值模型

沿空掘巷是在邻近采空区上覆岩层运移基本稳定后,在采空区一侧残余支撑压力区中应力相对较低的部位布置并掘进巷道,主要分为沿采空区边缘完全沿空掘巷和留窄煤柱沿空掘巷。完全沿空掘巷虽然围岩应力低,所需支护强度相对较小,但在实际工程中相邻区段采空区内的有害气体、水、冒落矸石等容易进入巷道内,严重影响巷道正常掘进、通风和维护,因此我国煤矿一般采用留窄煤柱沿空掘巷。窄煤柱对水、矸石和有害气体可以起到隔离作用,同时由于煤柱宽度较小,巷道布置于应力降低区内,避开了工作面开采时超前应力及上覆岩层运移的剧烈影响,能够降低巷道维护费用的同时大幅提高采区煤炭采出率,减少了资源浪费。

窄煤柱宽度是影响沿空掘巷围岩稳定性的关键因素[155-157],当煤柱宽度过小时,煤柱一帮破碎严重,巷道围岩环境显著影响锚杆、锚索的支护效果,采空区隔离效果差;当煤柱宽度过大时,巷道的整体或部分不再位于应力降低区,又会受到强烈的采动影响,巷道围岩应力集中程度高,掘进和采动影响期间围岩变形严重,维护难度大。为此,基于工程岩体劣化模型、参数反演的垮落带双屈服模型,以赵固二矿 11010 工作面回采后的 11030 大采高工作面沿空掘巷为背景,研究不同煤柱宽度对掘进和采动影响期间巷道围岩稳定性的影响规律,为类似工程地质条件下的大采高沿空掘巷布置提供依据和指导。

在数值模型建立方面,回采巷道围岩稳定性研究具有与岩巷和一般巷道不同的特点。一方面,巷道围岩稳定性控制一般将研究侧重于沿垂直方向的巷道剖面,同时由于模型中支护单元的存在,使得巷道目标截面必须采用高密度网格划分才能保证计算结果的准确性;另一方面,回采巷道经历工作面推进造成的采动叠加应力场作用,这一特点使得回采巷道稳定性模拟的模型中必须留有足够的工作面开采范围。若回采巷道的每个截面都采用非常致密的网格,则会造成过长的迭代计算时间。因此,在保证计算结果准确性的前提下,疏密有致、合理渐进地划分网格是非常必要的。

11010 和 11030 工作面主采煤层为二$_1$煤,根据对称性原则,以 11010 和 11030 工作面倾向中线为模型边界,建立不同煤柱宽度的三维数值模型,模型平面图如图 6-1 所示。模型沿工作面走向长 350 m,其中工作面走向长度为

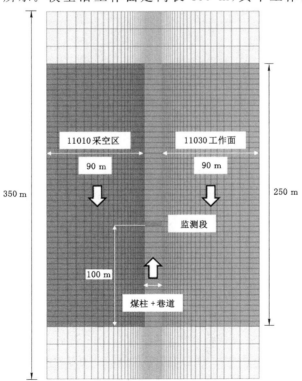

图 6-1　沿空窄煤柱数值计算模型平面图

250 m,前后各留 50 m 边界;工作面倾向二分之一的长度为 90 m;高 120 m。为保证研究的连贯性和可靠性,模型边界条件、各岩层本构模型和力学参数与第4、5 章数值模拟研究相同。

6.1.2 模拟方案与巷道支护

11010 工作面回采后,垮落带岩体压实、覆岩运移和应力调整后形成沿空掘巷前的围岩条件和应力环境。分别留设宽度为 3 m、5 m、8 m、11 m 的煤柱进行11030 工作面运输巷掘进,掘进断面尺寸为 4 800 mm×3 300 mm;巷道支护紧随掘进进行。巷道掘进完成后,11030 工作面从切眼开始回采直至采煤工作面到达巷道监测段。

巷道支护采用 FLAC³ᴰ中的结构单元进行模拟,模拟所用支护设计与现场应用支护方案相同(见 2.1.3 节),为表示方便图 6-2 显示了某 3 m 段巷道支护情况,支护体力学参数见表 4-3。

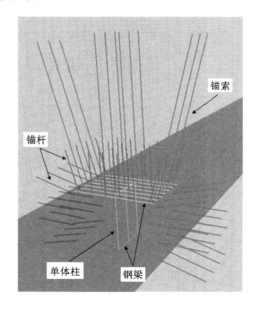

图 6-2　巷道支护设计模拟

由工作面侧向煤柱集中应力与力学状态演化规律可知,邻近 11010 工作面回采完成后,受侧向顶板覆岩结构的影响,煤柱中的集中应力分布状态与距停采线距离有关。为排除该因素对沿空掘巷时煤柱内应力分布的影响,在距离停采线 100 m 处设置巷道围岩变形监测段,该位置滞后工作面距离较远,侧向顶板结构基本稳定,排除了尚未稳定的侧向顶板对煤柱应力分布的影响,且监测段距离 11030 工作面开切眼 150 m,可以完整地监测充分采动影响下沿空掘巷的围岩变形情况。

6.2 不同煤柱宽度下沿空掘巷围岩应力状态与力学特征

6.2.1 掘巷前煤柱内应力分布规律

沿空掘巷布置于采空区侧向大结构下方煤体中支撑压力相对较低的区域,一般距大结构较远,巷道掘进期间对上覆岩层的扰动一般不会影响大结构的稳定,即弧形三角块 B 的变形和受力特点不变。

11010 工作面回采完成后,应力在邻近围岩中经过重新调整分布形成上区段采动应力场,形成 11030 工作面运输巷沿空掘进时的围岩和应力环境。监测段位置的侧向煤柱内应力分布和不同窄煤柱宽度下 11030 工作面运输巷掘进位置如图 6-3 所示。通过观察留设不同宽度煤柱时巷道掘进前围岩应力状态可知,隔离采空区的煤柱宽度越大,沿空掘巷时围岩内部应力越高。由于煤柱内的应力降低区是煤岩体受采动影响发生屈服破坏后松动卸压而形成的,因此煤柱宽度越小,掘巷时围岩条件越差,表现为煤岩体在应力重新分布过程中对应力变化敏感、易变形破坏、承载能力差等力学特性。同时,由于巷道跨度大(4.8 m),巷道顶底板两侧以及两帮煤岩体的围岩力学性质和应力状态均有明显差异。

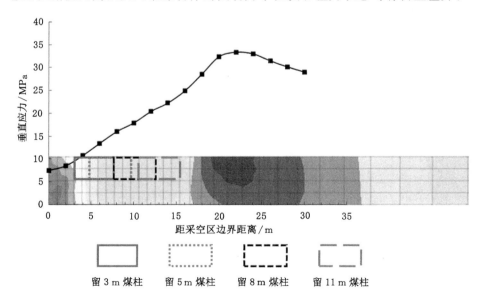

图 6-3 煤柱应力分布和不同窄煤柱宽度沿空掘巷位置

　　为了综合评判沿空掘巷时的围岩和应力环境,优化沿空掘巷的合理布置位置,从巷道掘进期间围岩应力分布、塑性破坏区分布和围岩变形演化特征三个方面,研究窄煤柱宽度对沿空巷道掘进期间矿压显现规律和围岩稳定性的影响。

6.2.2　沿空掘巷围岩应力状态

　　留设不同宽度窄煤柱沿空掘巷后围岩应力分布如图 6-4 所示。巷道掘进成巷后,窄煤柱内垂直应力随煤柱宽度的增加而升高,煤柱宽度为 3 m 时,窄煤柱内最大垂直应力仅为 2.2 MPa;煤柱宽度为 11 m 时,煤柱内最大应力为9.1 MPa,煤柱承载能力相比 3 m 煤柱显著提高,但最大垂直应力仅为原岩应力(16.25 MPa)的 56%,煤柱内部均发生了塑性破坏,无弹性核。

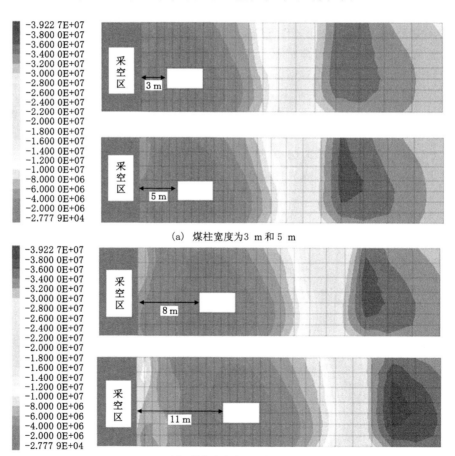

(a)　煤柱宽度为 3 m 和 5 m

(b)　煤柱宽度为 8 m 和 11 m

图 6-4　不同煤柱宽度沿空掘巷围岩应力分布

巷道围岩应力重新分布后,集中应力向煤壁深部平移,煤柱宽度的大小对应力极限平衡区宽度几乎没有影响,均为 14.2 m,但对垂直应力峰值影响显著。煤柱宽度为 3 m 时,煤壁深部垂直应力峰值为 35.9 MPa,为原岩应力的 2.2 倍;煤柱宽度为 11 m 时,煤壁深部垂直应力峰值升高至 39.2 MPa,达到原岩应力的 2.4 倍。这是由于留设 11 m 煤柱掘巷前巷道所处部位应力高于留设 3 m 煤柱,巷道开挖后应力向实体煤壁深部转移且集中程度高。巷道浅部围岩(距离围岩表面不超过 2 m)内应力分布几乎不受煤柱尺寸影响。

6.2.3　沿空掘巷围岩拉伸破坏发育特征

巷道开挖后,原始三向应力状态被打破,由于煤岩抗拉强度远低于抗压强度,节理裂隙等弱结构面几乎没有抗拉强度,使得巷道表面和浅部围岩极易发生拉伸破裂,向巷道空间内收敛变形。因此,巷道围岩塑性区中浅部拉伸破坏区的扩展范围可以作为衡量巷道围岩稳定性、分析围岩破坏机理的有效指标,同时可以用来区分巷道开挖前上区段采动影响导致的塑性破坏区与沿空掘巷影响导致的塑性破坏区。

通过 FLAC³ᴰ 内置的 FISH 语言编写程序,将沿空掘巷浅部围岩中的拉伸破坏单元进行标记并统计,得到不同煤柱宽度条件下沿空掘巷某一段沿轴向和竖直截面上的拉伸破坏区分布如图 6-5 所示。

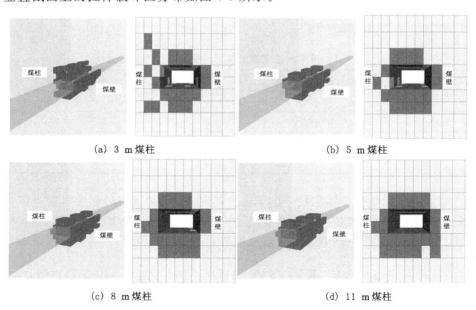

(a) 3 m 煤柱　　　　　　　　　　　　(b) 5 m 煤柱

(c) 8 m 煤柱　　　　　　　　　　　　(d) 11 m 煤柱

图 6-5　不同煤柱宽度下沿空掘巷拉伸破坏区分布

对比图 6-5 中不同煤柱宽度时沿空掘巷围岩拉伸破坏区分布可以看出,在不同煤柱宽度条件下,围岩破坏的共同特点是拉伸破坏区在巷道两帮和底板的分布更广,扩展更深。这是由于 11030 工作面运输巷沿顶板掘进,顶板岩层为泥岩和砂质泥岩,而两帮和底板均为软弱煤体,更容易发生变形破坏。

将 FISH 语言程序统计得到的拉伸破坏单元数与巷道浅部围岩单元总数做对比,得到浅部围岩拉伸破坏比见表 6-1,并结合图 6-5 分析不同煤柱宽度时巷道围岩的破坏特征。当煤柱宽度为 3 m 时,煤柱由最靠近采空区、受采动影响最剧烈的煤岩体组成,巷道煤柱帮发生了剧烈的拉伸破坏,由于掘巷前围岩力学条件差,拉伸破坏在煤柱一侧向顶底板深处延伸,整条巷道中 41.7% 的浅部围岩发生了拉伸破坏;当煤柱宽度为 5 m 时,掘巷前岩体力学条件有所改善,煤柱内拉伸破坏区不再向顶底板深处发展,主要集中在巷帮表面部分区域,顶板中拉伸破坏比 3 m 煤柱稍有增大且呈现不对称破坏,拉伸破坏区在顶底板的煤柱侧分布更广,整条巷道中 37.1% 的浅部围岩发生了拉伸破坏;当煤柱宽度为 8 m 时,掘巷前围岩应力已经高于原岩应力,巷道开挖后两帮表面均全部发生拉伸破坏,煤柱帮的破坏深度更大,顶底板的破坏程度同样增大并依旧呈现不对称特征,整条巷道中 40.9% 的浅部围岩发生了拉伸破坏;当煤柱宽度为 11 m 时,掘巷前的围岩力学条件较好,但围岩应力高,巷道两帮和底板表面均发生拉伸破坏且破坏发展至深部,顶板整体破坏加剧,不对称破坏特征消失,整条巷道中 44.3% 的浅部围岩发生了拉伸破坏。

表 6-1   不同煤柱宽度沿空掘巷围岩拉伸破坏比

煤柱宽度/m	巷道浅部围岩单元数/个	拉伸破坏单元数/个	拉伸破坏比/%
3	2 200	917	41.7
5	2 200	817	37.1
8	2 200	900	40.9
11	2 200	975	44.3

通过上述沿空掘巷围岩拉伸破坏区分析可见,沿空掘巷浅部围岩发生了大量的拉伸破裂,岩体拉伸劣化模型反映了沿空掘巷围岩的力学状态及其破坏性质,采用该模型进行采动巷道的数值模拟研究是必要的和可行性。

6.3 不同煤柱宽度下沿空掘巷围岩变形演化规律及煤柱尺寸效应

为了综合研究巷道全断面在巷道掘进和工作面回采期间的围岩变形,在监测段截面布置10个位移监测节点如图6-6所示。图6-6中,沿巷道掘进方向,左侧为所留设窄煤柱,右侧为待回采煤壁,在顶板左侧肩角、跨中偏左、跨中偏右和右侧肩角分别布置位移测点监测顶板下沉变形;在左侧煤柱帮和右侧煤壁帮分别布置位移测点监测两帮水平移近;在底板左侧底角、底板偏左、底板偏右和右侧底角分别布置位移测点监测巷道底鼓变形。

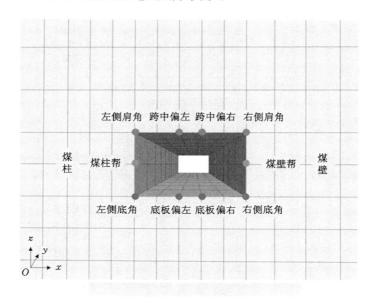

图 6-6　巷道变形测点布置

6.3.1　沿空巷道掘进期间顶板变形演化规律

留设不同宽度的窄煤柱条件下,沿空掘巷监测段在掘进期间顶板变形演化规律见图 6-7,为方便表示,采用顶板下沉位移的绝对值。监测段巷道掘出后开始监测,巷道掘进完毕后结束监测。对比图 6-7 与图 4-9(a)可以看出,相同地质条件下,沿空巷道在掘巷期间顶板下沉变形远大于实体煤巷道,与现场实际及实测分析结果一致,并且巷道掘出后围岩持续变形时间长,围岩稳定速度慢,蠕变特征明显,具体表现为在掘进工作面超前监测段 $50\sim100$ m 过程中,各煤柱宽度条件下顶板下沉量均增加了 50 mm 左右,在掘进工作面超前监测段 $100\sim$ 150 m 过程中,顶板变形趋于稳定,下沉量增加了 10 mm 左右。

沿空掘巷期间的大变形、强蠕变是由于巷道在上区段回采影响后松动破碎的围岩中掘进导致的。不同的沿空煤柱宽度意味着在不同松动破碎程度的围岩环境和不同应力集中程度的应力环境中掘进巷道,对比图 6-7(a)、(b)、(c)、(d)

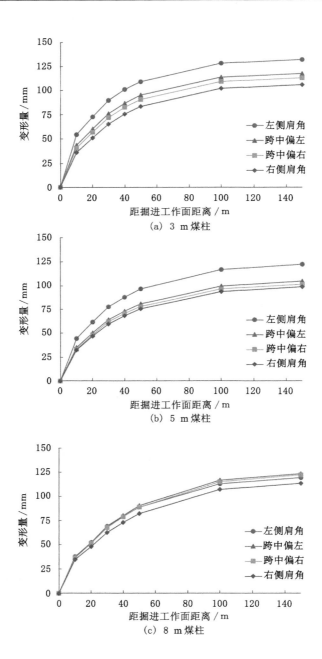

图 6-7　不同煤柱宽度巷道掘进期间顶板变形规律

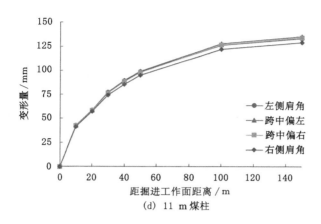

(d)　11 m 煤柱

续图 6-7　不同煤柱宽度巷道掘进期间顶板变形规律

可以看出,煤柱宽度对沿空掘巷顶板变形的影响不仅体现在下沉变形量,而且体现在顶板变形形态方面。

巷道顶板各监测位置均在巷道掘出后迅速变形,其后随着掘进工作面的前进变形速率减缓,但仍保持一定的变形速率。不同煤柱宽度下,巷道掘进不同阶段(掘进工作面距监测段距离)监测段顶板平均变形量及所占掘巷期间总变形量的比例见表 6-2。首先,煤柱宽度对沿空掘巷期间顶板总变形量影响显著,煤柱宽度为11 m 时顶板下沉量最大,宽度为 8 m 时次之,宽度为 5 m 时变形量最小。其次,掘巷期间不同阶段的已有变形占总变形量的比例(简称变形比)也受煤柱宽度影响,煤柱宽度为 3 m 时,巷道掘出后顶板变形速度快,变形量大,在滞后掘进工作面10 m 时的顶板变形量占掘巷期间总变形量的40.2%;顶板变形比随着煤柱宽度的增加呈现下降趋势,煤柱宽度为 11 m 时,同一阶段的顶板变形比仅为31.1%,变形比差值为 9.1%。当掘进工作面推进至距离监测段 50 m 时,不同煤柱宽度条件下巷道顶板变形量和变形比基本增加了一倍,可见巷道掘进时变形主要发生在断面掘出后到滞后掘进工作面 50 m 期间,即为掘进影响期,此时 3 m 煤柱与 11 m 煤柱的顶板变形比差值为 7.3%,顶板变形演化趋势维持不变。当掘进工作面推进至距离监测段 100 m 时,不同煤柱宽度的顶板变形比差值明显减小,3 m 煤柱与11 m煤柱的巷道顶板变形比差值仅为 2.3%,在这一阶段分别发生顶板变形 18.6 mm、27.9 mm,顶板变形比分别为 15.9%、20.9%。

上述巷道顶板变形量和变形速率演化特征受煤柱宽度影响产生的差异,是由不同煤柱宽度下掘巷位置的围岩和应力环境不同所造成的。煤柱宽度越小,沿空掘巷围岩在上区段采动影响下力学条件越差,围岩应力越低,因此巷道掘进后软弱破碎围岩迅速发生变形,掘巷初期变形速率高,进入掘后稳定阶段,由于围岩应力较低,应力环境好,后期蠕变量较小;而煤柱宽度越大,掘巷时围岩力学条件较好,但掘巷位置应力集中程度较高,巷道掘进后较完整的围岩在应力调整过程中逐渐变形破坏,掘巷初期变形速率稍低,但后期受高应力环境影响,仍保持较高的蠕变量。

煤柱宽度对沿空掘巷顶板变形演化特征的影响可以在围岩控制工程实际中起到积极作用。当留设煤柱宽度较小时,掘进时需保证临时支护和一次支护的及时性和有效性,避免巷道掘进后破碎围岩快速变形导致的顶板垮冒等问题;当留设煤柱宽度较大时,需在巷道掘进工作面后方进行定期及时的围岩变形监测,并防止缓慢蠕变造成的支护失效、大变形网兜等问题出现。

在不同煤柱宽度条件下,沿空掘巷监测段在巷道掘进完成后的顶板垂直位移分布云图如图 6-8 所示,通过对比可以看出,煤柱宽度对沿空掘巷顶板变形形态也有显著影响。不同煤柱宽度条件下,顶板各位置相对变形量和变形速率存在显著差异,巷道掘进期间顶板下沉变形量和变形形态也明显不同,如图 6-9 所示。

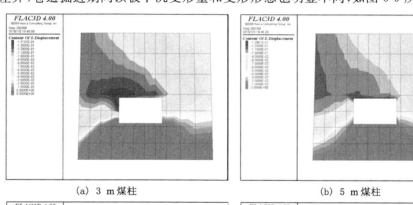

(a) 3 m 煤柱 　　　　　　　　　　　　(b) 5 m 煤柱

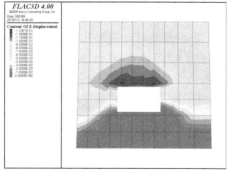 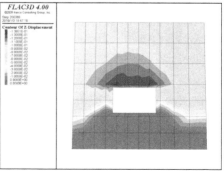

(c) 8 m 煤柱 　　　　　　　　　　　　(d) 11 m 煤柱

图 6-8　不同煤柱宽度沿空掘巷顶板垂直位移分布

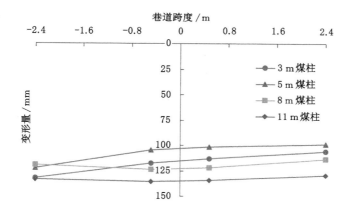

图 6-9 不同宽度煤柱巷道掘进期间顶板下沉形态图

结合图 6-7、图 6-8 和图 6-9 可知,当煤柱宽度为 3 m 时,顶板煤柱侧(左侧肩角)的变形量和变形速率均明显大于煤壁侧(右侧肩角),掘巷完成后顶板两侧相对位移差达到 26.2 mm,为顶板平均变形量的 22.4%,顶板呈现不对称变形特征;当煤柱宽度为 5 m 时,掘巷完成后顶板两侧相对位移差为 23.5 mm,不对称变形程度稍微降低,顶板总体变形明显减少。随着煤柱宽度增加至 8 m 和 11 m,巷道逐渐远离上区段回采影响下的煤柱破碎区,不对称变形特征随着煤柱宽度的增加而明显减弱,巷道顶板最大下沉位置为巷道中部,不再为顶板煤柱侧肩角,两肩角变形量差值分别为 5.8 mm(8 m 煤柱)和 4.2 mm(11 m 煤柱),肩角不对称变形特征几乎消失,受大跨度、顶板不均匀应力分布的影响,顶板中部偏煤柱侧变形量比偏煤体侧稍高。

由图 6-7、图 6-8 可见,在沿空巷道掘进期间,留 3 m 煤柱时巷道顶板整体变形量大,且煤柱侧发生显著不对称大变形;留 8 m 和 11 m 煤柱时巷道顶板变形基本对称,但巷道整体变形量较大;煤柱宽度为 5 m 时,巷道顶板稍有不对称变形特征,但整体变形量在各煤柱尺寸方案中最小。

上述顶板变形形态随煤柱宽度的变化是不同煤柱宽度的变形特性所造成的。大采高工作面 3 m 小煤柱的稳定性差,沿空掘巷后煤柱变形较大,使巷道呈现煤柱侧围岩大变形的不对称变形特征。在工程实际中,如留设 3 m 煤柱,对变形严重和稳定性差的部位需及时补强支护,针对不对称变形特征调整支护设计。

表 6-2　不同煤柱宽度巷道掘进期间顶板平均下沉量演化规律

煤柱宽度	掘进期间顶板总下沉量	滞后掘进工作面距离 L_e 时平均下沉量和变形比		
		$L_e=10$ m	$L_e=50$ m	$L_e=100$ m
3 m	117.0 mm	47.0 mm 40.2%	94.4 mm 80.7%	113.0 mm 96.6%
5 m	106.8 mm	39.0 mm 36.5%	82.9 mm 77.6%	101.8 mm 95.3%
8 m	119.7 mm	38.1 mm 31.8%	87.6 mm 73.2%	113.1 mm 94.5%
11 m	133.2 mm	41.4 mm 31.1%	97.8 mm 73.4%	125.7 mm 94.3%

6.3.2　沿空巷道掘进期间两帮变形演化规律

在不同煤柱宽度条件下,沿空掘巷监测段在掘进期间两帮变形演化规律如图 6-10 所示,为方便表示,采用两帮位移的绝对值。监测段巷道掘出后开始监测,巷道掘进完毕后结束监测。

与顶板变形特征类似,沿空巷道掘进后两帮均迅速变形,其后随着掘进工作面的推进变形速率减缓,但仍保持一定的变形速率。两帮移近也表现出持续变形时间长,围岩稳定速度慢的蠕变特征。这一特征受煤柱宽度的影响十分显著,巷道监测段在不同掘进影响阶段的两帮移近量及移近变形比如表 6-3 所列。煤柱宽度为 3 m 时,监测段巷道掘进后两帮变形速度快,变形量大,特别是煤柱帮急剧变形,在滞后掘进工作面 10 m 时两帮移近变形比达到 55.6%。两帮变形比随着煤柱宽度的增加基本呈现下降趋势,煤柱宽度为 11 m 时,同一阶段的两帮变形比为 50.3%。当掘进工作面推进至距离监测段 50 m 时,两帮煤体在掘进影响下进一步向巷内移近收敛,此时 3 m 煤柱的巷道两帮变形比达到83.3%,变形比随煤柱宽度的增加而降低,11 m 煤柱时为 73.6%。从掘进工作面距离监测段 50 m 直至巷道掘进完成,即为掘巷稳定期,3 m 煤柱巷道两帮长时蠕变移近量为掘巷总变形量的 16.7%;随着煤柱宽度的增加,两帮长时蠕变移近量所占比例升高,煤柱宽度为 11 m 时,该时期发生的两帮长时蠕变移近量占总变形量的 26.4%。

留设不同宽度的煤柱情况下,沿空掘巷监测段在巷道掘进期间的两帮水平位移分布云图如图 6-11 所示,通过对比可以看出,煤柱宽度对沿空掘巷两帮变形形态同样有着显著的影响。由图 6-10、图 6-11 可见,煤柱帮煤体由于受上区段采动影响,巷道掘进后向巷内移近明显大于煤壁帮,但两帮变形量的差值受煤

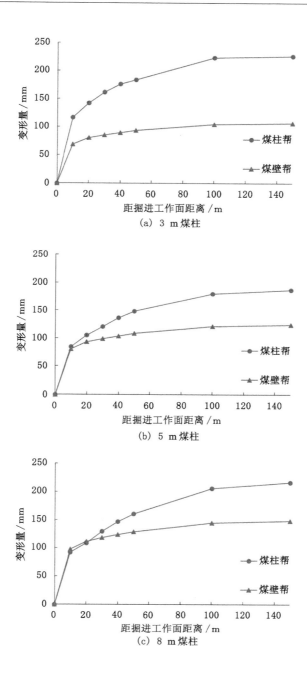

(a) 3 m煤柱

(b) 5 m煤柱

(c) 8 m煤柱

图 6-10　不同煤柱宽度巷道掘进期间两帮变形规律

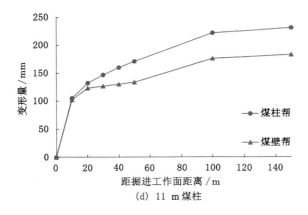

(d) 11 m煤柱

续图 6-10　不同煤柱宽度巷道掘进期间两帮变形规律

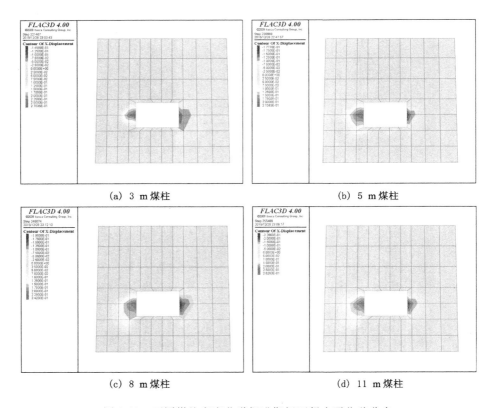

(a) 3 m煤柱　　　　　　　　　　　　　　(b) 5 m煤柱

(c) 8 m煤柱　　　　　　　　　　　　　　(d) 11 m煤柱

图 6-11　不同煤柱宽度巷道掘进期间两帮水平位移分布

柱宽度的影响显著。当煤柱宽度为 3 m 时,掘巷完成后煤柱帮的变形量达到
226.0 mm,而煤壁帮的变形量仅为 106.5 mm,两帮之间的变形量差值为
119.5 mm,两帮呈现出显著的不对称变形特征。当煤柱宽度为 5 m、8 m、11 m
时,两帮之间的变形量差值分别为 66.2 mm、64.9 mm、48.3 mm,即随着煤柱宽
度的增加,两帮的变形量差值逐渐减小,不对称变形逐渐减弱。

　　11030 工作面运输巷围岩变形实际状态如图 6-12 所示,可以看出煤柱帮松
动破碎、起伏不平,而煤壁帮相对平整、变形量小。采用工程岩体劣化模型、参数
反演的垮落带双屈服模型进行的数值模拟结果与现场巷道实际变形状态相符。

(a) 煤柱帮显著大变形　　　　　　　　(b) 两帮变形形态对比

图 6-12　11030 运输巷围岩变形实际状态

　　上述煤柱宽度影响下的沿空掘巷两帮变形演化特征与顶板变形演化特征的
规律和机理一致,都是由不同煤柱宽度下掘巷位置的围岩和应力环境不同所致。
在现场工程实际中,当留设煤柱宽度较小时,需保证临时支护和一次支护的及时
性和有效性,针对两帮不对称变形特点,重点加强窄煤柱帮的变形控制,避免巷
道掘进后巷帮破碎煤体的迅速变形导致的片帮现象;当留设煤柱宽度较大时,需
采取措施防止缓慢蠕变造成的煤柱帮支护失效和大变形网兜等问题出现。

表 6-3　不同煤柱宽度巷道掘进期间两帮变形量演化规律

煤柱宽度	掘进期间两帮累计变形量	滞后掘进工作面距离 L_e 时两帮变形量和变形比		
		$L_e=10$ m	$L_e=50$ m	$L_e=100$ m
3 m	332.5 mm	184.9 mm 55.6%	277.0 mm 83.3%	327.2 mm 98.4%

表 6-3(续)

煤柱宽度	掘进期间两帮累计变形量	滞后掘进工作面距离 L_e 时两帮变形量和变形比		
		$L_e=10$ m	$L_e=50$ m	$L_e=100$ m
5 m	310.9 mm	164.2 mm 52.8%	256.5 mm 82.5%	301.3 mm 96.9%
8 m	364.3 mm	188.3 mm 51.7%	289.3 mm 79.4%	350.1 mm 96.1%
11 m	413.5 mm	208.0 mm 50.3%	304.3 mm 73.6%	397.0 mm 96.0%

6.3.3 沿空巷道掘进期间底板变形演化规律

留设不同宽度的煤柱条件下,沿空掘巷监测段掘进期间的底板变形演化规律如图 6-13 所示。与顶板、两帮变形特征类似,巷道底板在巷道掘进后迅速变形,其后随着掘进工作面的推进变形速率减缓,但仍保持一定的变形速率。底板煤体也表现出持续变形时间长、围岩稳定速度慢的蠕变特征,这一特征受煤柱宽度影响显著。巷道掘进不同阶段监测段底板跨中变形量及变形比如表 6-4 所列。煤柱宽度为 3 m 时,巷道掘进后底板迅速鼓起,变形量大,滞后掘进工作面 10 m 时的底板跨中底鼓变形比达到 56.3%,变形比随着煤柱宽度的增加基本呈现下降趋势。煤柱宽度为 11 m 时,同一阶段跨中底鼓变形比为 48.3%。当掘进工作面推进至距离监测段 50 m 时,底板煤体在掘进影响下进一步向巷内鼓起,此时 3 m 煤柱的底板跨中变形比达到 86.8%,底鼓变形比随煤柱宽度的增加而降低,11 m 煤柱时为 81.0%。在掘进工作面远离监测段 50 m 直至巷道掘进完成,即为掘巷稳定期,3 m 煤柱巷道底板发生的长时蠕变为总变形量的 13.2%,随着煤柱宽度的增加,底鼓长时蠕变变形所占比例升高,煤柱宽度为 11 m 时,该时期发生的长时蠕变变形占总变形量的 19.0%。

表 6-4 不同煤柱宽度巷道掘进期间底板跨中变形量演化规律

煤柱宽度	掘进期间底板跨中变形量	滞后掘进工作面距离 L_e 时底板变形量和变形比		
		$L_e=10$ m	$L_e=50$ m	$L_e=100$ m
3 m	161.9 mm	91.2 mm 56.3%	140.5 mm 86.8%	158.2 mm 97.7%

表 6-4(续)

煤柱宽度	掘进期间底板跨中变形量	滞后掘进工作面距离 L_e 时底板变形量和变形比		
		$L_e = 10\ m$	$L_e = 50\ m$	$L_e = 100\ m$
5 m	158.5 mm	78.7 mm 49.6%	135.8 mm 85.7%	154.6 mm 97.5%
8 m	186.5 mm	91.7 mm 49.2%	155.9 mm 83.6%	180.0 mm 96.5%
11 m	214.5 mm	103.6 mm 48.3%	173.8 mm 81.0%	207.6 mm 96.8%

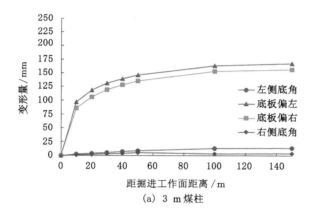

(a) 3 m煤柱

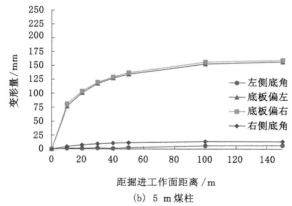

(b) 5 m煤柱

图 6-13 不同煤柱宽度巷道掘进期间底板变形规律

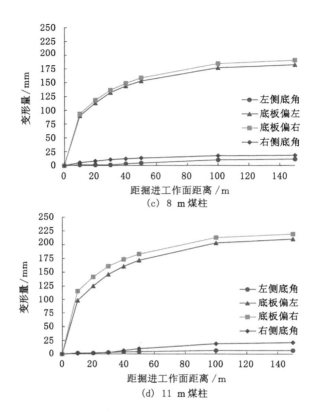

续图 6-13　不同煤柱宽度巷道掘进期间底板变形规律

　　留设不同宽度的煤柱条件下,沿空掘巷监测段在巷道掘进期间的底板垂直位移分布云图如图 6-14 所示,通过对比可以看出,煤柱宽度对沿空掘巷底板变形形态同样有显著影响。由图 6-13、图 6-14 可见,巷道两侧底角几乎没有变形,底鼓主要发生在底板中部附近区域。煤柱宽度为 3 m 时,受煤柱侧破碎煤体的影响,底板中部偏左侧煤柱位置的变形量略高于偏右侧煤壁位置,掘巷完成后底板中部偏左侧变形量比右侧大 10.7 mm,呈现轻微的不对称底鼓特征;煤柱宽度为 5 m 时不对称底鼓特征基本消失,底板中部两侧位移差值仅为 2.9 mm;随着煤柱宽度的继续增大,不对称底鼓现象重新出现,且与 3 m 煤柱时底鼓形态相反,煤柱宽度为 8 m 和 11 m 时,底板中部偏右侧煤壁位置的变形量比偏左侧煤柱位置分别高 8.7 mm 和 9.3 mm。需要注意的是,由图 6-14(d)可以观察到此时最大底鼓位置已经不再位于底板中部,而是向煤壁侧底角转移,形成与 3 m 煤柱巷道相反的不对称底鼓形态。

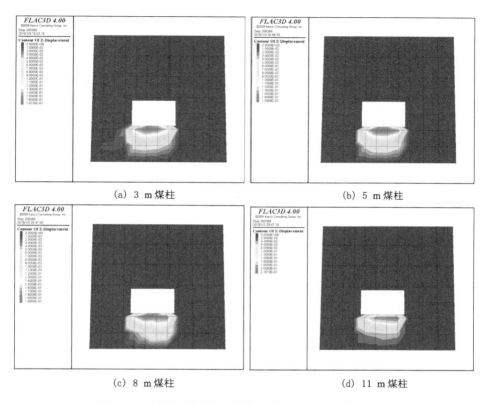

(a) 3 m煤柱　　　　　　　　　　(b) 5 m煤柱

(c) 8 m煤柱　　　　　　　　　　(d) 11 m煤柱

图 6-14　不同煤柱宽度巷道掘进期间底板垂直位移分布

底鼓形态随煤柱宽度变化而不同甚至反转,是由于巷道掘进位置逐渐位于应力较高的区域,煤柱宽度增加以后,使大采高大断面沿空掘巷围岩两帮形成明显的应力差,右侧高于左侧,从而导致较宽煤柱时巷道两帮应力分布对底鼓形态起到决定作用。

6.3.4　煤柱宽度对沿空掘巷围岩变形的影响规律

以上从围岩应力分布、破裂区发展和变形演化 3 个方面分析了煤柱宽度对沿空巷道掘进期间矿山压力显现的影响规律。在现场实践中,围岩变形量是衡量巷道围岩稳定性、支护可靠性等工程研究的直接指标,掘进期间巷道围岩变形与煤柱宽度的关系如图 6-15 所示。可见,在当前地质赋存和工程技术条件下,煤柱宽度为 5 m 时围岩变形量最小,宽度为 3 m 时次之,而煤柱宽度较大(8 m 和 11 m)时围岩变形量相对较大,这一规律印证了非完全沿空掘巷时留设窄煤柱护巷的理论正确性和设计优越性。同时,由于顶板岩层(泥岩、砂质泥岩)物理力学性质优于两帮和底板煤体,在不同煤柱宽度影响下顶板下沉量的变化幅度小于两帮移近量和底板鼓起量,两帮移近变形受煤柱宽度影响最大。

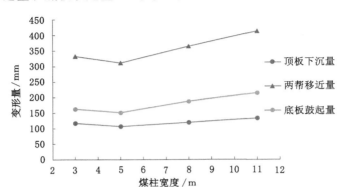

图 6-15　掘进期间巷道围岩变形与煤柱宽度的关系

6.4　不同煤柱宽度下沿空掘巷采动变形演化规律及煤柱尺寸效应

6.4.1　沿空掘巷回采期间非对称超前支护

《煤矿安全规程》第九十七条规定,采煤工作面所有安全出口与巷道连接处超前压力影响范围内必须加强支护,且加强支护的巷道长度不得小于 20 m。根据第 5 章的研究可知,大采高工作面采动应力集中程度高,集中应力作用范围大,极限平衡区宽度大,采动影响剧烈。因此,11030 工作面两回采巷道(运输巷、回风巷)超前支护距离不小于 30 m。

11030 工作面运输巷超前支护方式采用单体液压支柱、Π 形钢顶梁和工字钢底梁联合支护。在超前支护段沿巷道走向布置 4 列 DW45-250/110XL 型悬浮式单体液压支柱,如图 6-16 所示。单体液压支柱沿巷道走向直线排列,走向间距 600 mm,偏差小于 ±50 mm,初撑力不低于 90 kN(11.5 MPa),并加设防倒联锁装置。超前支护采用非对称布置方式,加强了煤柱侧的顶板支护强度。

为了真实反映现场超前支护技术条件,数值模拟中超前支护如图 6-17 所示。

6.4.2　大采高沿空掘巷采动变形演化规律

11030 工作面运输巷掘进完成后,11030 大采高工作面采用一次采全高回采方法,超前工作面 30 m 在巷道内设置超前支护,工作面后方采空区模拟方法与6.1 节相同。选取与掘进期间同一监测断面及测点记录沿空掘巷回采期间(回

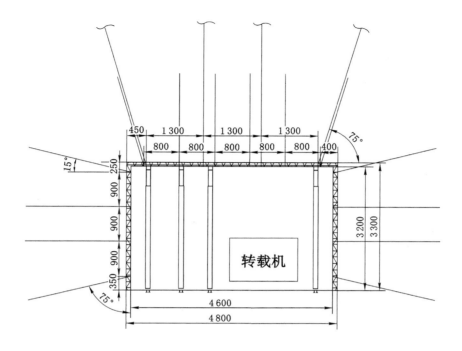

图 6-16 11030 工作面运输巷超前支护示意图

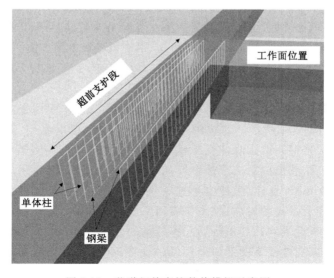

图 6-17 巷道超前支护数值模拟示意图

采距离 150 m)的围岩变形,研究煤柱宽度对回采期间巷道围岩变形演化特征的影响规律。

(1)沿空掘巷回采期间顶板变形演化特征

留设不同宽度的煤柱条件下,沿空掘巷监测段在工作面回采期间的顶板变形演化规律如图 6-18 所示。对比图 6-18 与图 4-9(b)可以看出,相同地质条件下,沿空掘巷回采期间顶板受采动影响的变形响应比实体煤巷道剧烈敏感。工作面开始回采后,在采动超前支撑压力作用下,巷道顶板变形速率开始增长,但增速较慢;当采煤工作面推进至距监测段 70 m 时,巷道顶板变形速率明显升高,且与工作面推进距离成正比,巷道顶板变形量显著增加;工作面回采至监测段时,监测段巷道服务期限终止,此时不同煤柱宽度条件下,巷道顶板累计下沉量均达到掘进期间下沉量的 4 倍以上。

通过对比不同煤柱宽度下巷道顶板各部位回采期间的变形演化规律可知,在工作面开始回采后,巷道顶板各部位在采动影响下的变形速率基本一致,顶板因煤体压缩变形而呈现整体变形下沉;当工作面推进至距监测段 20 m 时,巷道顶板实体煤壁侧(右侧)两测点(跨中偏右、右侧肩角)的变形速率明显高于煤柱侧(左侧)测点,且随煤柱宽度的增加而增大;采煤工作面推进至监测段时,巷道顶板实体煤壁侧的累计下沉量最大,实体煤壁侧比煤柱侧分别大 8.7 mm(3 m煤柱)、20.2 mm(5 m 煤柱)、30.4 mm(8 m 煤柱)和 34.7 mm(11 m 煤柱)。

沿空掘巷完成后,不同煤柱宽度的沿空掘巷变形形态存在差异,随着采煤工作面推进,顶板近乎均匀下沉,工作面推进至监测段附近,巷道顶板实体煤壁侧下沉速率增大,但顶板两侧的累计下沉量差异较小。因此,在采用非对称、高强度、高密度单体液压支柱进行超前支护的工程技术条件下,沿空掘巷在本工作面回采期间顶板变形并未表现出明显的非对称特征,沿空掘巷非对称超前支护是成功有效的。

(2)沿空掘巷回采期间两帮变形演化特征

留设不同宽度的煤柱条件下,沿空掘巷监测段在工作面回采期间的两帮变形演化规律如图 6-19 所示。对比图 6-19 与图 4-9(d)可以看出,相同地质条件下,沿空掘巷回采期间两帮煤体受采动影响的变形响应比实体煤巷道剧烈。工作面开始回采后,巷道两帮变形速率开始增长,但增速较慢;在采煤工作面推进至距监测段 70 m 范围时,两帮变形速率明显升高,且与工作面推进距离成正比,巷道两帮变形量显著增加;当工作面回采至监测段时,不同煤柱宽度条件下,巷道两帮累计移近量均达到掘进期间移近量的 5 倍以上,两帮变形严重。

对比不同煤柱宽度下两帮回采期间的变形演化规律可知,在本工作面采动影响下,两帮煤体的变形速率及变形量差异较大,力学性能差的煤柱帮受采动影响产生的变形响应比实体煤壁侧剧烈,煤柱帮移近量显著高于煤壁帮,且随着采

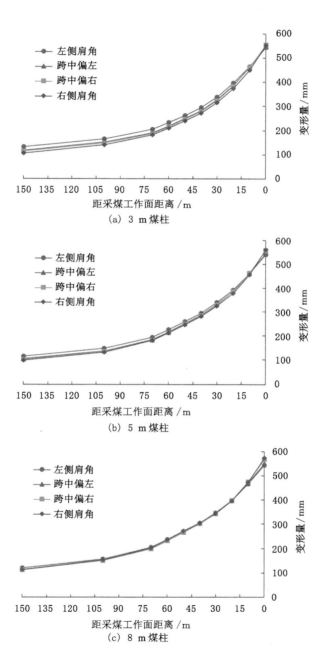

图 6-18 不同煤柱宽度巷道回采期间顶板变形规律

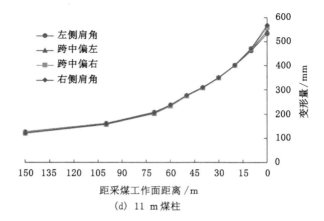

（d）11 m煤柱

续图 6-18　不同煤柱宽度巷道回采期间顶板变形规律

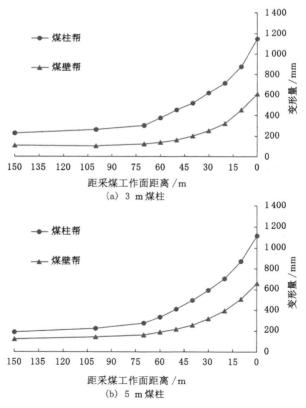

（a）3 m煤柱

（b）5 m煤柱

图 6-19　不同煤柱宽度巷道回采期间两帮变形规律

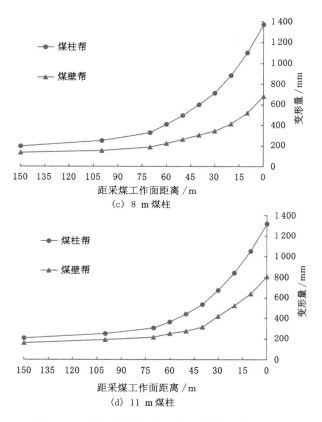

续图 6-19 不同煤柱宽度巷道回采期间两帮变形规律

煤工作面推进,巷道两帮不对称变形特征愈加明显,回采至监测段时,煤柱帮与煤壁帮的变形差值分别为 540.4 mm（3 m 煤柱）、457.4 mm（5 m 煤柱）、689.7 mm（8 m 煤柱）和 516.9 mm（11 m 煤柱）。

11030 工作面现场实践中,超前支护段前方巷道煤壁帮需要扩帮 2 m 左右,数值模拟较好地仿真模拟了现场围岩变形的真实状态。

（3）沿空掘巷回采期间底板变形演化特征

留设不同宽度的煤柱条件下,沿空掘巷监测段在工作面回采期间的底板变形演化规律如图 6-20 所示。对比图 6-20 与图 4-9(f)可以看出,相同地质条件下,沿空掘巷回采期间的底板煤体受采动影响的变形响应比实体煤巷道剧烈。与顶板和两帮变形特征相似,工作面开始回采后,巷道底板变形速率开始增长,但增速较慢;在采煤工作面推进至距监测段 70 m 范围时,底板变形速率明显升高,且与工作面推进距离成正比,巷道底板迅速鼓起;工作面回采至监测段时,不同煤柱宽度条件下,巷道累计底鼓量均达到掘进期间的4倍左右,底板变形明显。

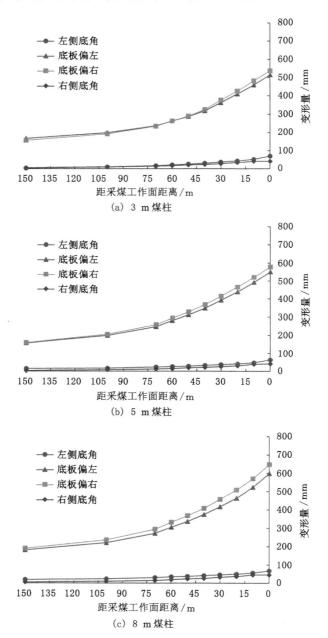

(a) 3 m 煤柱

(b) 5 m 煤柱

(c) 8 m 煤柱

图 6-20 不同煤柱宽度巷道回采期间底板变形规律

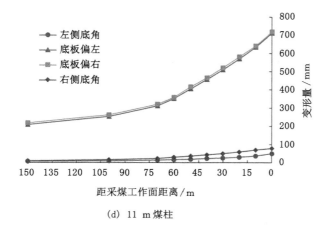

(d) 11 m煤柱

续图 6-20　不同煤柱宽度巷道回采期间底板变形规律

对比不同煤柱宽度下巷道底板各部位回采期间的变形演化规律可知,在本工作面采动影响下,巷道底板煤壁侧(右侧)变形速率略高于煤柱侧(左侧),且变形速率差异随采煤工作面推进而增大。与掘进期间底板变形形态相同,底鼓变形主要集中在底板中部区域,边角变形不大。不同煤柱宽度下回采期间底板不对称变形并不明显,煤柱宽度为 8 m 时,工作面回采至监测段底板偏右位置变形量比底板偏左位置仅高 49.3 mm。在非对称、高强度、高密度单体液压支柱的超前支护下,沿空掘巷在本工作面回采期间的底板变形并未表现出明显的非对称特征。

6.4.3　煤柱宽度对沿空掘巷围岩采动变形的影响规律

沿空掘巷回采期间的围岩变形与煤柱宽度的关系如图 6-21 所示。由于当工作面推进至监测段时,监测段已连接工作面成为端头,故图 6-21 采用监测段

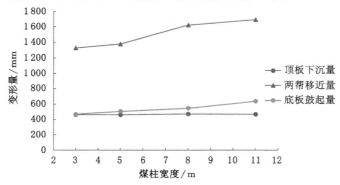

图 6-21　回采期间巷道围岩变形与煤柱宽度的关系

距采煤工作面 10 m 时的数据绘制。可见,在大采高工程技术条件下,工作面采动影响期间,沿空掘巷顶板下沉随煤柱宽度的增加而轻微减小,而底鼓和两帮移近量随煤柱宽度的增加而增大,煤柱宽度对两帮移近的影响尤为显著。沿空隔离煤柱宽度较小(3 m、5 m)时,沿空掘巷围岩采动变形量明显低于留设较大宽度的煤柱(8 m、11 m)。

6.5 大采高沿空掘巷煤柱尺寸优化

通过上述大采高沿空巷道掘进和回采期间的围岩变形破坏演化特征和矿压显现规律研究可知,在上区段采空区覆岩结构稳定后布置沿空掘巷,主要起隔离作用的煤柱宽度对巷道所处围岩条件和力学环境有较大影响。巷道掘进期间,煤柱宽度为 5 m 时围岩变形量和破坏范围最小,巷道掘进对覆岩稳定结构的扰动小,有利于巷道维护,3 m 煤柱次之;本工作面采动影响期间,大采高条件下强烈的回采动压扰动使煤层产生压缩变形,沿空掘巷围岩变形量显著增大,煤柱宽度为 3 m 时回采期间围岩变形量最小,5 m 次之,随着煤柱宽度的继续增加,沿空掘巷采动变形量增大。

11030 工作面运输巷为赵固二矿首个大采高沿空掘巷,从采空区隔离、通风管理等方面考虑,决定先留设 8 m 煤柱进行沿空掘巷的工程试验。实践经验表明,煤柱宽度 8 m 的采空区隔离效果好,无漏风、漏水现象,但巷道服务期限内围岩变形严重,掘进期间需要多次大规模卧底、扩帮。根据大采高沿空掘巷围岩应力状态及变形破坏特征与煤柱宽度之间的变化规律可知,留设 8 m 煤柱沿空掘巷的应力扰动较大,采动影响程度较高,煤柱宽度偏大。

结合上述分析,综合考虑大采高沿空掘巷矿山压力与支护、采空区隔离与通风安全、采区煤炭资源采出率与社会经济效益等方面,沿空掘巷留设 5 m 煤柱时,更有利于巷道掘进和回采期间的围岩稳定,煤柱宽度能够保证锚固支护深度,可以减小巷道维修工程量,降低巷道维护成本;同时,煤柱也有较好的隔离效果,还可进一步提高煤炭采出率以及经济效益和社会效益。另外,赵固二矿为煤与瓦斯突出矿井,尽管经鉴定 -850 m 以浅为非突区域,但仍需进行区域验证。缩小沿空掘巷的煤柱宽度,将降低应力扰动与采动影响程度,有利于降低煤与瓦斯突出、冲击地压危险程度。因此,从大采高沿空回采巷道的安全、高效、经济等角度考虑,综合确定大采高沿空掘巷合理煤柱宽度为 5 m。这为今后相似工程地质条件下沿空掘巷和工作面布置提供了可靠依据,为进一步研究沿空掘巷支护设计优化奠定了基础前提。

6.6　本章小结

（1）以大采高工作面为背景，建立了沿空掘巷不同煤柱宽度 FLAC³ᴰ 数值模型，采用工程岩体劣化模型和参数反演后的垮落带双屈服模型，进行了掘进、支护和采动影响的动态仿真模拟，研究了沿空掘巷的围岩应力状态与拉伸破坏发育特征、围岩变形动态演化规律及煤柱尺寸效应、围岩采动变形演化规律及煤柱尺寸效应，通过综合分析优化了沿空掘巷煤柱尺寸。

（2）通过不同煤柱宽度沿空掘进和支护动态过程的仿真模拟分析，研究得到了沿空掘巷围岩应力分布特征、浅部围岩拉伸劣化发育规律、顶帮底变形过程及形态的动态演化规律，揭示了大采高沿空掘巷围岩稳定性的煤柱尺寸效应及其影响机理。研究表明，沿空巷道掘进期间两帮移近量和底鼓量较大；煤柱宽度为 5 m 时围岩拉伸劣化范围和变形量最小，煤柱为 3 m 时次之，煤柱为 11 m 时围岩稳定性最差。

（3）通过大采高工作面回采和巷道超前支护动态过程的仿真模拟，得到了沿空掘巷采动影响下顶板、两帮和底板变形过程及形态的动态演化规律，揭示了煤柱尺寸的影响规律。研究表明，大采高沿空掘巷围岩采动影响变形迅速增加，两帮移近和底鼓显著；煤柱宽度为 3 m 时围岩整体变形量最小，煤柱为 5 m 时次之，煤柱为 11 m 时围岩稳定性最差。

（4）基于数值模拟研究及现场试验分析，综合考虑矿山压力与支护、采空区隔离与通风安全、资源采出率与社会经济效益等方面，确定大采高沿空掘巷合理煤柱宽度为 5 m，为相似条件沿空掘巷布置提供了可靠依据。

7 软弱围岩沿空掘巷控制原理与支护对策

为保证沿空回采巷道的围岩稳定性和服务期内的正常使用,除进行煤柱尺寸优化外,还应开展巷道支护反馈设计研究,在原支护方案及试验效果的基础上对支护设计进行优化,进一步改善围岩力学状态,降低围岩变形破坏程度,提高围岩稳定性与支护效果。根据国内外学者对支护理论的研究,提出了基于基础刚度效应的大采高沿空掘巷"控帮护巷"支护原理性。

7.1 基于基础刚度效应的控帮护巷支护原理及现场试验

7.1.1 煤层巷道控帮护巷支护原理

由 11030 工作面运输巷沿空掘进期间的围岩变形破坏图像和表面位移监测分析可知,大采高沿空掘巷围岩未受采动影响即已发生了显著大变形,其中两帮和底板变形剧烈,围岩稳定性较差,严重影响了巷道正常使用。

由图 2-3 知,11030 工作面运输巷原支护方案中,顶板支护采用 6 根 2.4 m 长高强螺纹钢锚杆及钢筋梯、4 根 8.25 m 长锚索及 $16^\#$ 槽钢梁支护,在相似沿空掘巷条件下[158-159],顶板支护属于较高强度和密度的支护方式。而两帮支护仅由 4 根 2.4 m 长高强螺纹钢锚杆组成,这种锚杆支护方式对大采高沿空掘巷支护强度不足,难以形成完整有效的支护承载体,控帮效果较差,通过现场围岩变形监测发现难以有效限制两帮变形。

随着对煤巷锚杆支护机理的深入研究,国内外学者对锚杆锚固围岩的力学性质改善进行了研究探讨,形成了较成熟的煤巷锚杆支护理论或学说。侯朝炯等研究揭示了锚杆支护的作用原理和围岩加固实质,认为锚杆支护的实质是锚杆和受锚岩体通过相互作用形成统一承载结构,锚杆支护可以提高锚固岩体破坏前后的力学参数(杨氏模量、黏聚力和内摩擦角),有效改变围岩的应力状态,从而提高围岩承载能力,并通过相似材料模拟试验得到锚固岩体的力学性质和锚固效应与锚杆支护强度及密度呈正比。Bobet 等[160-161] 研究提出了圆形巷道围岩经锚杆支护后的岩体等效杨氏模量解析解,即

$$E_r = E + \frac{\pi d_b^2 E_b}{4 S_\theta S_z} \tag{7-1}$$

式中：E_r，E，E_b 分别为锚固岩体、原始岩体和锚杆的杨氏模量；d_b 为锚杆直径；S_θ 和 S_z 分别为锚杆之间的切向和轴向间距。

从式(7-1)可知，提高锚杆支护的强度(E_b，d_b)和密度(S_θ，S_z)，可以有效提高锚固岩体的杨氏模量。

通过巷道两帮基础刚度效应研究可知，当巷道两帮为较软弱的煤(岩)体时，在垂直集中应力作用下容易出现巷道围岩破碎、裂隙发育和显著变形，巷道两帮表现为可变形性而非完全刚性。在两帮垂直集中应力作用下，巷帮软弱煤岩体发生明显的压缩变形，顶板岩层随基础的变形而整体下沉，巷内、巷外的顶板呈现连续弯曲变形，顶板跨中的最大弯矩和最大位移与巷道肩角处相差较小。两帮基础刚度对顶板变形量影响极大，是顶板变形的关键影响因素。11030 工作面运输巷为大采高沿空掘巷，巷道掘进前围岩受上区段工作面回采影响已发生松动破碎和岩体力学性质劣化，两帮软弱煤(岩)体可视为可变形基础的力学模型，因此，大采高沿空掘巷围岩稳定性的基础刚度效应必然非常显著。

根据上述分析，提出基于基础刚度效应的大采高沿空掘巷"控帮护巷"支护原理，即通过加强巷帮锚固支护深度或强度及密度，提高帮部锚固煤体的力学性质(杨氏模量、黏聚力和内摩擦角)，从而增强两帮煤体的基础刚度，通过支护直接作用控制两帮煤体的变形和破坏，并进一步通过基础刚度效应改善整个巷道围岩的应力状态，提高围岩承载能力和稳定性。

7.1.2 沿空掘巷控帮护巷支护现场试验

为解决沿空掘巷围岩大变形控制问题，验证巷道基础刚度效应和控帮护巷支护原理，将 11030 工作面运输巷通尺 1 000～1 060 m 范围设为试验巷道，进行控帮护巷的现场支护试验研究。同时，设置 3 个围岩表面位移测站(A1～A3)，并采用与原支护段相同的表面位移监测方法，以确保监测数据对比的有效性。

为验证控帮护巷支护原理对巷道围岩的控制效果，在同一大采高沿空掘巷中进行了 60 m 范围的现场试验，巷道试验段所采用的支护方案如图 7-1 所示。顶板支护方案与原支护方案一致(见 2.1.3 节)，在巷道两帮各增设两排锚索配合槽钢梁支护，锚索规格为 ϕ17.8 mm×5 000 mm，上排距顶板 850 mm，下排距底板 950 mm，间排距为 1 500 mm×1 800 mm，锚固长度为 2 400 mm，锚索预紧力均不低于 100 kN，锚固力均不小于 200 kN，与长度为 2 100 mm 的 16# 槽钢梁配合使用。

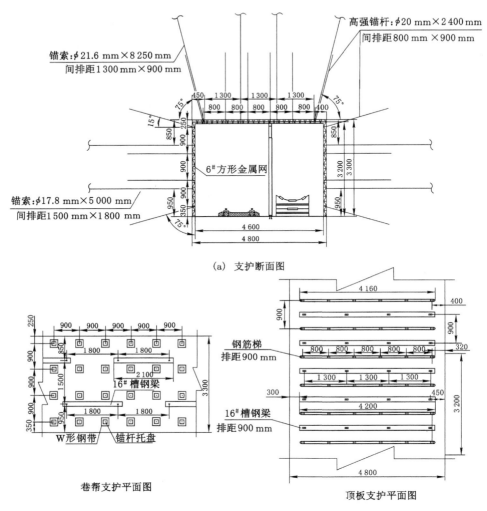

（a）支护断面图

卷帮支护平面图

顶板支护平面图

（b）两帮和顶板支护平面图

图 7-1　试验巷道支护方案

通过试验巷道 3 个围岩表面位移测站（A1～A3）持续 2 个月的连续监测，汇总得到试验巷道围岩变形规律如图 7-2 所示。

图 7-2(a)为布置于通尺 1 020 m 处测站 A1 的围岩表面位移曲线，监测时段为 4 月 1 日至 6 月 4 日，共 64 天。由位移曲线可知，监测初期巷道围岩持续变形且变形较剧烈，后期位移增长速率降低，围岩变形趋于稳定；两帮煤体变形

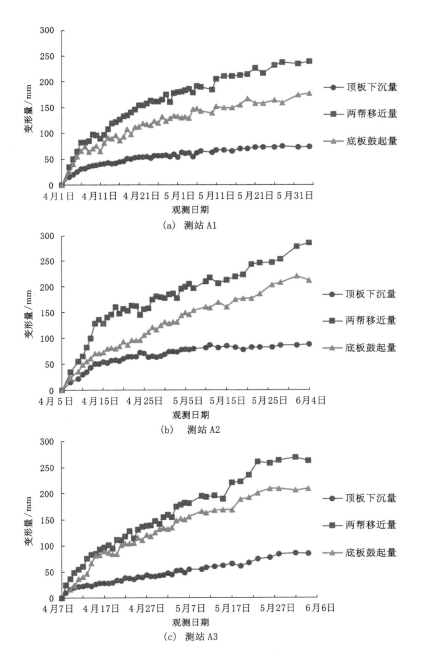

（a）测站 A1

（b）测站 A2

（c）测站 A3

图 7-2 试验巷道围岩表面位移监测曲线

最大,移近量达到 239 mm,平均移近速率为 3.7 mm/d;底板变形次之,底鼓量为 177 mm,平均底鼓速率为 2.8 mm/d;顶板下沉相对前两者较小,下沉量为 74 mm,平均下沉速率为 1.2 mm/d。

图 7-2(b)为布置于通尺 1 030 m 处测站 A2 的围岩表面位移曲线,监测时段为 4 月 5 日至 6 月 4 日,共 60 天。由位移曲线可知:监测期间巷道两帮和底板持续变形且变形较剧烈,后期位移增长速率并未明显降低,顶板变形随时间推移逐渐趋于稳定;两帮煤体变形最大,移近量达到 285 mm,平均移近速率为 4.8 mm/d;底板变形次之,底鼓量为 212 mm,平均底鼓速率为 3.5 mm/d;顶板下沉相对前两者较小,下沉量为 88 mm,平均下沉速率为 1.5 mm/d。

图 7-2(c)为布置于通尺 1 040 m 处测站 A3 的围岩表面位移曲线,监测时段为 4 月 7 日至 6 月 4 日,共 58 天。由位移曲线可知:监测期间巷道两帮和底板持续变形且变形较剧烈,后期位移增长速率并未明显降低,顶板变形随时间推移逐渐趋于稳定;两帮煤体变形最大,移近量达到 263 mm,平均移近速率为 4.5 mm/d;底板变形次之,底鼓量为 209 mm,平均底鼓速率为 3.6 mm/d;顶板下沉相对前两者较小,下沉量为 85 mm,平均下沉速率为 1.5 mm/d。

7.1.3 控帮护巷支护的现场试验效果

对比分析 11030 工作面沿空掘巷原支护段和试验巷道段围岩变形实测结果,如表 7-1 和图 7-3 所示,可以得到试验巷道围岩变形特征和控帮护巷支护的现场试验效果。

表 7-1　试验巷道与原支护段围岩变形对比

围岩变形	原支护段		试验巷道	
	累计变形量 /mm	平均变形速率 /(mm/d)	累计变形量 /mm	平均变形速率 /(mm/d)
顶板下沉	98～173	1.4～2.4	74～88	1.2～1.5
两帮移近	517～691	5.1～11.8	239～285	3.7～4.8
底板鼓起	240～522	2.4～8.0	177～212	2.8～3.6

(1)试验巷道保留顶板原支护方式不变,于巷道两帮各增设两排槽钢梁锚索,加强了巷帮支护深度及强度,明显降低了两帮煤体的变形量和变形速率,显著提高了巷帮稳定性。两帮移近量由 517～691 mm 下降至 239～285 mm,平均移近速率由 5.1～11.8 mm/d 下降至 3.7～4.8 mm/d。

(2)仅加强两帮支护的试验巷道,顶底板变形相比原支护段也有明显的改

图 7-3　试验巷道现场支护效果

善,顶板变形量由 98～173 mm 下降至 74～88 mm,平均变形速率由 1.4～2.4 mm/d 下降至 1.2～1.5 mm/d;底板鼓起量由 240～522 mm 下降至 177～212 mm,平均变形速率由 2.4～8.0 mm/d 下降至 2.8～3.6 mm/d。

(3)通过对比试验巷道与原支护段的围岩变形曲线和平均变形量可知,试验巷道围岩的蠕变特征减弱,加固两帮后围岩稳定状态得到改善。

(4)基于巷道基础刚度效应提出了控帮护巷的支护原理,并通过试验巷道的现场试验表明,巷道两帮围岩变形显著减小,同时顶底板变形也明显降低;支护试验方案改善了巷道围岩稳定状态,验证了"控帮护巷"原理的科学性、有效性和可行性。

7.2　控帮护巷支护技术与围岩稳定性控制研究

7.2.1　控帮护巷支护技术方案

通过现场试验,验证了控帮护巷技术的有效性和可行性,但由图 7-2 可以看出,试验巷道的围岩变形量仍然较大,在两个月的监测期内,两帮移近量达到239～285 mm,底鼓量为 177～212 mm,顶板下沉量为 74～88 mm,持续蠕变变形虽然较原支护方案有所减弱,但仍保持一定的蠕变速率,从巷道围岩变形特征来看仍属于大变形巷道。因此,必须对控帮护巷支护技术与围岩稳定性进行深入研究,探索其支护作用机理,研究支护优化方案,为类似条件巷道支护设计提供依据。

大采高沿空掘巷现场试验留设煤柱宽度为 8 m,综合考虑沿空掘巷矿山压力与支护、采空区隔离、煤炭资源采出率等方面,研究优化得到煤柱合理宽度为 5 m。为研究大采高沿空掘巷围岩控制对策,针对赵固二矿 11030 工作面运输巷地质及工程条件,采用数值模拟分析煤柱尺寸和支护方案双重优化后的围岩控制效果,在 6.1.1 节大采高沿空掘巷数值模型中选用煤柱宽度为 5 m 的模型,进行巷道支护方案优化研究。对比掘进影响期和回采影响期的围岩变形破坏特征,进行巷道控帮护巷支护技术研究,并分析揭示相应的作用机理。

为了深入研究基础刚度效应在巷道支护中的作用及控帮护巷技术,设计 4 个支护方案进行数值模拟分析,4 个方案中顶板支护与现场原方案保持一致,仅改变两帮支护方式及强度等。

支护方案一采用现场原支护方案作为对照方案,支护设计图如图 2-4 所示,支护技术明细见 2.1.3 节,支护设计模拟如图 6-2 所示。

支护方案二为现场试验巷道支护方案,支护设计参数如图 7-1 所示,由于支护优化模拟采用煤柱宽度优化后的 5 m 窄煤柱沿空掘巷模型,将现场试验中 5 m 长帮锚索换为同直径规格 4.2 m 长帮锚索进行模拟试验,其他支护细节与现场试验方案相同,见 7.1.2 节,方案二支护设计模拟如图 7-4 所示。

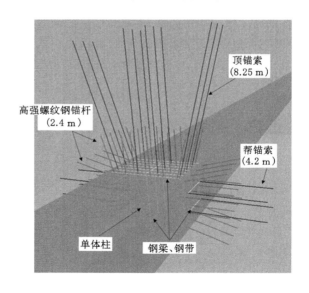

图 7-4 方案二支护设计模拟图

　　支护方案三的巷道支护断面图和两帮支护平面图如图 7-5 所示,顶板支护与其他方案一致,两帮采用 4 根 3.7 m 高强螺纹钢可接长锚杆,该锚杆具有高强、高延伸率、低成本的优点,适用于大变形巷道围岩支护[162-163],间排距900 mm×900 mm,锚固长度 1 200 mm,锚杆由 δ10 mm×150 mm×150 mm托盘与 W 形钢带配合使用,W 形钢带与围岩和巷帮全部锚杆托盘紧密连接,锚杆锚固力不小于 70 kN,方案三支护设计模拟如图 7-6 所示。

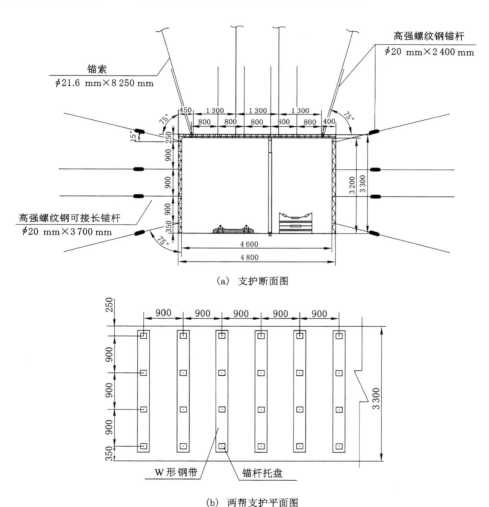

(a)　支护断面图

(b)　两帮支护平面图

图 7-5　方案三支护设计图

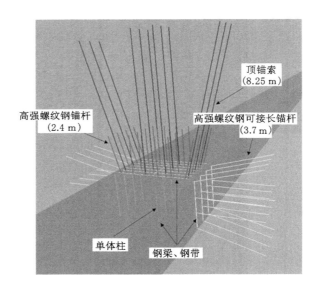

图 7-6　方案三支护设计模拟图

　　支护方案四的巷道支护断面图和两帮支护平面图如图 7-7 所示,顶板支护与其他方案一致,两帮采用 3 根 2.4 m 高强螺纹钢锚杆和 2 根 3.7 m 高强螺纹钢可接长锚杆联合支护,排距为 900 mm,螺纹钢锚杆锚固长度为 900 mm,可接长锚杆锚固长度为 1 200 mm,锚杆由 $\delta10$ mm×150 mm×150 mm 托盘与 W 形钢带配合使用,W 形钢带与围岩和断面巷帮全部锚杆托盘紧密连接,锚杆锚固力不小于 70 kN,方案四支护设计模拟如图 7-8 所示。

　　巷道支护数值模型中,不仅模拟了锚杆锚索支护体,而且模拟了 W 形钢带、槽钢梁、托盘、单体液压支柱及其顶底钢梁等支护构件,比较全面地模拟出巷道联合支护方式与结构,可以真实反映巷道支护的力学状态。

7.2.2　沿空掘巷控帮护巷围岩拉伸破坏发育特征

　　前文指出巷道围岩塑性区中浅部拉伸破坏区的扩展范围可以作为衡量巷道围岩稳定性、分析围岩破坏机理的有效指标,同时可以区分巷道开挖前上区段采动影响导致的塑性破坏区与沿空掘巷影响导致的塑性破坏区。因此,采用相同方法通过 $FLAC^{3D}$ 内置 FISH 语言编写程序,将沿空掘巷浅部围岩(距离围岩表面不超过 2 m)中的拉伸破坏单元进行标记并统计,得到采用不同支护方案时沿空掘巷控帮护巷围岩拉伸破坏区分布(见图 7-9),将统计得到的拉伸破坏单元数与巷道浅部围岩单元总数对比,得到沿空掘巷控帮护巷围岩拉伸破坏比(见表 7-2)。

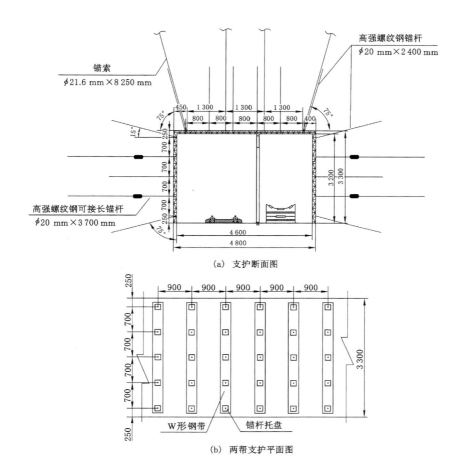

(a) 支护断面图

(b) 两帮支护平面图

图 7-7 方案四支护设计图

表 7-2 沿空掘巷控帮护巷围岩拉伸破坏比

支护方案	拉伸破坏比/%		
	顶板	两帮	底板
方案一	11.1	52.1	57.4
方案二	10.2	27.1	55.6
方案三	7.4	22.9	52.8
方案四	8.3	20.8	54.6

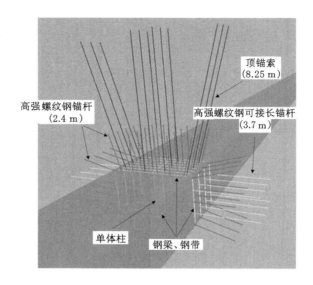

图 7-8 方案四支护设计模拟图

由图 7-9 和表 7-2 可知,通过控帮支护,方案二、三、四的两帮煤体的拉伸破坏范围比方案一分别减小了 25.0%、29.2% 和 31.3%,沿空掘巷两帮围岩破坏程度显著降低,稳定性明显改善。同时,尽管三个控帮支护方案都仅增加了巷帮支护深度或强度,但是巷道顶板和底板的拉伸破坏范围均有不同程度的减小(顶板拉伸破坏区缩小了 0.9%~3.7%,底板拉伸破坏区缩小了 1.8%~4.6%),顶底板围岩稳定性和完整性在控帮作用下得到改善。

7.2.3 沿空掘巷控帮护巷围岩变形控制

采用与 6.3 节相同方法,对不同支护方案下沿空巷道掘进期间围岩变形进行监测,得到垂直位移场如图 7-10 所示,水平位移场如图 7-11 所示。为详细研究不同支护条件下巷道围岩变形控制效果,将数值模拟的围岩变形结果提取并汇总为两帮变形、顶板下沉形态和底板鼓起形态,如图 7-12~图 7-14 所示。

由图 7-10 和图 7-11 可知,方案二、三、四通过采取控帮支护的方法,不仅使两帮煤体水平位移量显著减小,而且使顶板下沉和底板变形也得到了有效控制。

由图 7-12 可以看出,作为控帮护巷支护技术的直接作用对象,巷道两帮的收敛变形在控帮支护后显著减小,3 种控帮护巷支护方案下,两帮移近量由原方案(方案一)的 310.9 mm 分别减小为 199.8 mm(方案二)、132.7 mm(方案三)和 130.4 mm(方案四),两帮移近量分别降低至原方案的 64.3%、42.7% 和 41.9%。

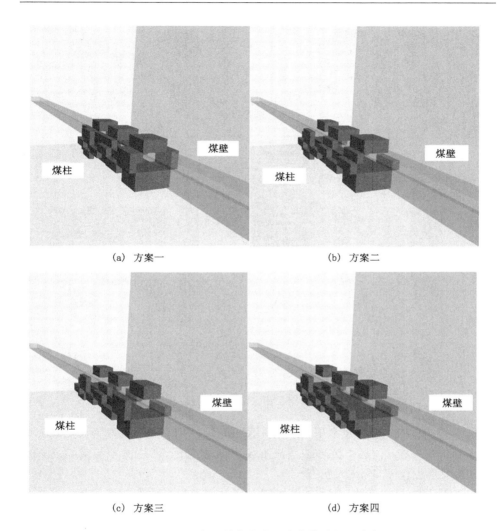

  (a) 方案一   (b) 方案二

  (c) 方案三   (d) 方案四

图 7-9 沿空掘巷控帮护巷围岩拉伸破坏区分布

两帮移近量显著降低的同时,原方案中两帮明显的不对称变形特征也随之减弱,煤柱帮与煤壁帮变形量之差由原方案的 66.2 mm 分别下降为 33.8 mm(方案二)、34.4 mm(方案三)和 33.6 mm(方案四)。

  由图 7-13 可以看出,尽管 4 种支护方案的顶板支护形式、强度和密度都没有改变,仅采用控帮支护便提高了巷帮的等效基础刚度,从而通过巷道基础刚度效应有效降低了顶板下沉量,改善了顶板稳定性。顶板平均下沉量由原方案的 106.8 mm 分别减小为 96.3 mm(方案二)、69.3 mm(方案三)和 69.8 mm(方

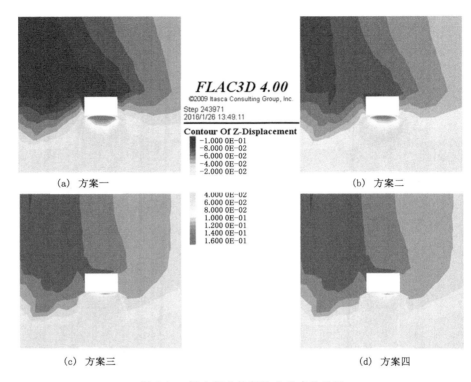

(a) 方案一 (b) 方案二

(c) 方案三 (d) 方案四

图 7-10　沿空掘巷控帮护巷垂直位移场

四),3 种控帮护巷支护方案下,顶板平均下沉量分别降低至原方案的 90.2%、64.9% 和 65.4%。顶板下沉形态并没有发生明显变化,煤柱侧顶板肩角比煤壁侧肩角变形量仅多 20 mm 左右。

由图 7-14 可以看出,控帮护巷支护对底鼓变形控制也有较好效果。底板中部平均底鼓变形量由原方案的 158.5 mm 分别减小为 155.7 mm(方案二)、97.7 mm(方案三)和 90.2 mm(方案四),3 种控帮护巷支护方案下,底鼓量分别降低至原方案的 98.2%、61.6% 和 56.9%。底鼓形态仍为两底角变形小,中部变形大。加固煤柱对底鼓控制的作用机理已有大量学者研究并论证,柏建彪等认为回采巷道在受掘巷、工作面回采等动压影响下,围岩塑性区首先从两帮软弱煤体及应力集中的帮角产生并发展,因此掘巷后对两帮的有效控制可以较好地限制围岩变形破坏;王卫军、侯朝炯分析了沿空掘巷围岩的应力分布和底鼓过程,认为沿空掘巷的底鼓机理因应力环境不同而异于实体煤巷道,沿空掘巷因靠近采空区,底板岩层应力在上区段工作面回采时已被释放,基本不受水平应力的影响,加强窄煤柱的支护是底鼓控制的关键。

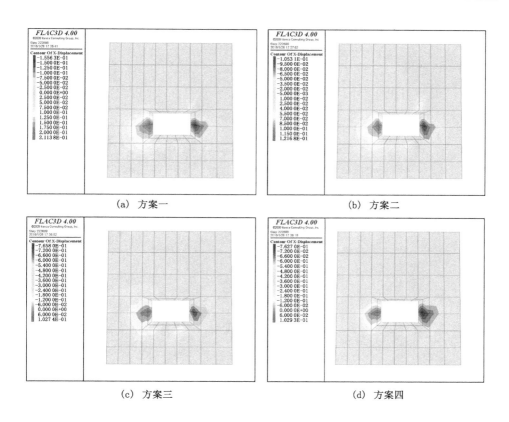

（a）方案一 （b）方案二

（c）方案三 （d）方案四

图 7-11 沿空掘巷控帮护巷水平位移场

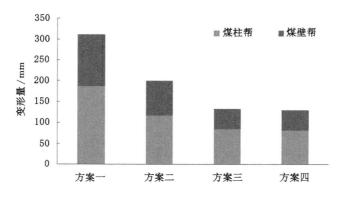

图 7-12 沿空掘巷控帮护巷两帮变形

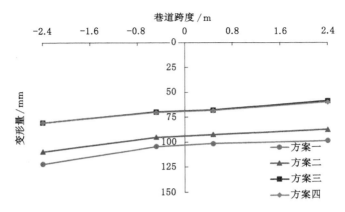

图 7-13　沿空掘巷控帮护巷顶板下沉形态

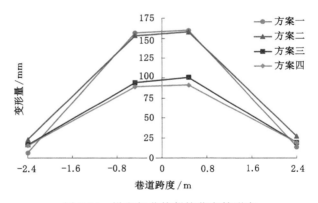

图 7-14　沿空掘巷控帮护巷底鼓形态

通过上述沿空掘巷控帮护巷支护方案下围岩变形控制效果分析可知,控帮护巷技术不仅直接使两帮变形大幅度减小,显著控制了巷帮大变形,而且由于基础刚度效应作用于顶底板岩层,较好地控制了顶板下沉和底板变形。研究表明,控帮护巷支护技术在掘进影响期间的围岩变形控制和顶板稳定性维护上取得了显著效果。

7.2.4　大采高沿空掘巷控帮护巷采动围岩变形控制

大采高沿空掘巷在工作面回采期间的围岩变形显著,根据模拟研究,其变形量是回采前变形量的 4 倍以上,为此需要进一步研究控帮护巷支护技术对采动变形的控制效果。

采用与 6.4 节相同的回采巷道超前支护方式,对大采高工作面回采过程进行模拟,得到工作面距监测段 10 m 时的巷道围岩变形规律,将数据提取并汇总为两帮采动变形、顶板采动下沉形态和采动底鼓形态,如图 7-15～图 7-17 所示。

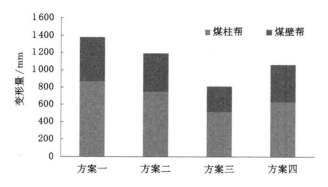

图 7-15 沿空掘巷控帮护巷两帮采动变形

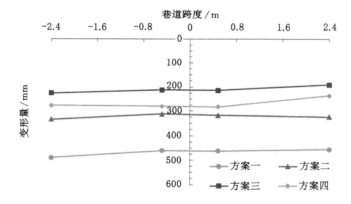

图 7-16 沿空掘巷控帮护巷顶板采动下沉形态

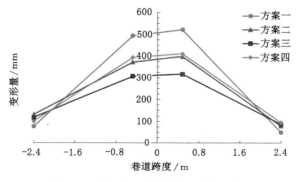

图 7-17 沿空掘巷控帮护巷采动底鼓形态

通过对比沿空掘巷控帮护巷支护在掘进(图 7-12～图 7-14)和回采期间(图 7-15～图 7-17)对围岩变形的影响规律可知,控帮支护方案在回采期间的围岩变形控制作用比掘进期间更为显著,采动围岩变形响应更能反映回采巷道控帮护巷原理的科学性、支护设计的有效性和可靠性。

在控帮护巷支护作用下,巷道两帮是支护直接作用对象。由图 7-15 可以看出,回采期间巷道两帮的收敛变形显著降低,两帮移近量由原方案(方案一)的 1 376.3 mm 分别减小为 1 194.4 mm(方案二)、813.5 mm(方案三)和 1 061.1 mm(方案四),3 种控帮护巷支护方案的两帮移近量分别降低至原方案的86.8%、59.1%和77.1%。而且,原方案中两帮明显的不对称变形特征也随之减弱,煤柱帮与煤壁帮变形量之差由原方案的 366.1 mm 分别下降为 308.0 mm(方案二)、222.6 mm(方案三)和 210.4 mm(方案四)。

由图 7-16 可以看出,通过控帮支护,巷帮的等效基础刚度得到提高,从而通过巷道基础刚度效应有效控制了采动影响下的顶板变形,改善了顶板稳定状态。顶板平均下沉量由原方案的 467.2 mm 分别减小为 322.7 mm(方案二)、210.5 mm(方案三)和 269.6 mm(方案四),3 种控帮护巷支护方案下顶板平均下沉量分别降低至原方案的 69.1%、45.1%和 57.7%。

由图 7-17 可以看出,控帮支护对回采期间的底鼓控制也有较好效果。底板中部平均变形量由原方案的 506.6 mm 分别减小为 385.0 mm(方案二)、311.9 mm(方案三)和 401.9 mm(方案四),3 种控帮护巷支护方案下底鼓量分别降低至原方案的 76.0%、61.6%和 79.3%。底鼓形态基本不发生改变。

通过上述大采高沿空掘巷不同支护方案下采动围岩变形的控制效果分析可知,采用控帮护巷技术的大采高沿空掘巷,在工作面采动影响期间,不仅显著控制了两帮大变形,而且由于基础刚度效应作用于顶底板,也间接有效地降低了顶板下沉与底鼓变形。研究表明,控帮护巷支护方案在掘进和采动影响期间都能取得良好的围岩变形控制效果,而且对围岩采动变形的控制作用更加显著。

通过 3 种控帮护巷支护方案与原方案在巷道掘进和回采期间的围岩变形特征和控制效果分析,验证了巷道基础刚度效应在围岩控制中的作用,采取增加控帮锚固深度等技术途径,使大采高沿空巷道在掘进和回采期间围岩变形量大幅降低,避免了一味追求高强度、高密度支护带来的高成本,证明了控帮护巷支护技术的可行性和优越性。

7.3 控帮护巷锚固应力场与支护作用机理研究

7.3.1 围岩锚固应力场精细数值模型建立

尽管 3 种控帮护巷支护方式都旨在加强巷帮锚固支护深度或支护强度,但因支护方式和参数不同,在大采高沿空掘巷围岩控制效果也存在着差异。因此,需要深入研究控帮护巷支护技术的围岩锚固应力场与作用机理,为控帮护巷支护技术应用及方案设计优化提供理论依据。

针对典型的巷道控帮护巷支护形式,通过围岩锚固应力场分析,研究揭示控帮护巷的作用机理,为此建立围岩锚固支护应力场精细模型,如图 7-18 所示。分别采用 7.2.1 节中 4 种支护形式进行模拟,直观展现巷道支护作用下的锚固应力场。由于研究目标为基于锚杆、锚索的控帮护巷技术作用机理,故不设置单体液压支柱及连接所用顶底钢梁。

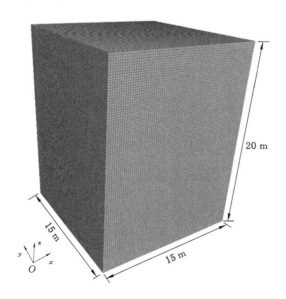

图 7-18 围岩锚固支护应力场精细模型

7.3.2 巷道断面围岩锚固应力场分布特征

模型经过开挖-支护-平衡计算后,得到巷道围岩锚固作用的最大主应力场如图 7-19 所示。由图可以看出,不同巷帮锚固支护方式对巷道围岩内锚固应力场的分布特征有着显著的影响。4 种支护方案中,由于巷道顶板支护相同,顶板锚固应力场的分布特征基本相同;而两帮支护不同,其锚固应力场的分布特征则产生了不同的变化。

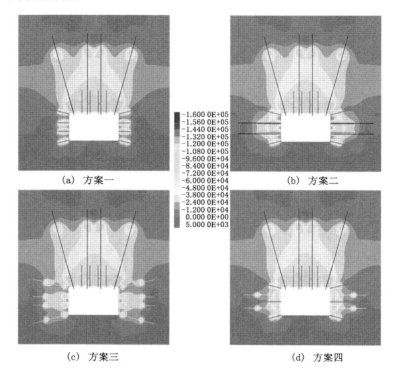

−1.600 0E+05
−1.560 0E+05
−1.440 0E+05
−1.320 0E+05
−1.200 0E+05
−1.080 0E+05
−9.600 0E+04
−8.400 0E+04
−7.200 0E+04
−6.000 0E+04
−4.800 0E+04
−3.800 0E+04
−2.400 0E+04
−1.200 0E+04
0.000 0E+00
5.000 0E+03

(a) 方案一   (b) 方案二

(c) 方案三   (d) 方案四

图 7-19　巷道围岩锚固最大主应力场

4 种支护方案下巷道围岩锚固应力场分布特征与支护机理分析如下:

(1) 巷帮锚杆锚固应力场与作用分析

现场原锚杆支护方式(方案一)两帮采用 4 根 2.4 m 锚杆,如图 7-19(a)所示。由于帮锚杆的锚固作用,在巷帮锚杆周围、围岩浅部近表面产生了较高的锚固压应力,最大主应力为 70 kN 左右,在围岩深部逐渐降低,甚至在锚固段附近产生了较大范围的拉应力区。设最大主应力高于 24 kN 的区域为有效锚固应力区,则该方案的有效锚固应力区深度为 1.1 m,锚杆周围有效锚固应力区相互独立。由此可见,在帮锚杆支护作用下,仅在巷帮围岩浅部形成有效锚固应力区,锚固作用深度较小,锚杆锚固段附近拉应力的深度小,不利于巷帮稳定。

(2) 巷帮锚杆锚索锚固应力场与作用分析

现场试验巷道支护方式(方案二)在原支护方案基础上两帮增加两根高预紧力槽钢梁锚索,间排距为 1 500 mm×1 800 mm,如图 7-19(b)所示。在巷帮锚索高预紧力作用下,巷帮围岩有效锚固应力区深度达到 2.4 m,锚固应力范围扩大,特别是围岩浅部的锚索周围产生了较高的压应力,最大主应力为 82 kN 左右。由于沿巷道轴向增加了巷帮支护密度,使锚杆长度范围内形成了连续完整的有效锚固应力区。锚索锚固段附近产生拉应力的范围较大,对巷帮围岩稳定性影响较小。由此可见,在帮锚索与锚杆联合作用下,锚索扩大了巷帮有效锚固应力区深度,提高了锚固压应力,增强了锚固应力区的完整性,改善了巷帮稳定性控制效果。

（3）巷帮长锚杆锚固应力场与作用分析

巷帮长锚杆控帮护巷方式（方案三）在原方案基础上将巷帮 2.4 m 锚杆更换为 3.7 m 高强螺纹钢可接长锚杆,并将锚杆通过钢带连接。钢带在锚杆、锚索支护中的力学作用已被广泛研究,它可以有效将预应力和工作阻力向围岩内扩散,改善围岩应力状态,均衡锚杆受力并提高整体支护作用。

如图 7-19(c)所示,在长锚杆及钢带的锚固作用下,巷帮锚杆间锚固压应力区相互连接成为整体,压应力区连续完整、锚固应力较均匀,有效锚固应力区深度扩大到围岩内部 2.6 m。由于钢带的联合作用,巷帮围岩近表面形成了锚固保护作用区域。巷帮长锚杆支护仅通过增加锚固深度,并未增加支护强度及密度,却取得了很好的控帮护巷效果。

（4）巷帮锚杆和长锚杆锚固应力场与作用分析

巷帮锚杆与长锚杆支护方式（方案四）中,巷帮采用"两长三短"的锚杆联合支护,并将锚杆通过钢带连接,如图 7-19(d)所示。由于增加了巷帮锚杆支护密度,巷帮围岩浅部锚固压应力较高,且分布广泛。在长锚杆作用下,有效锚固应力区深度达到 2.5 m,但由于两根长锚杆间距较大,围岩浅部有效锚固应力区连续完整,而深部未能形成大范围的完整压应力区。

7.3.3 巷道围岩轴向锚固应力场分布特征

巷道围岩控制为三维空间问题,沿巷道轴向的锚固支护应力场分布对研究支护机理、设计支护方案等有重要意义。从距巷帮 2 m 的深部围岩作轴向截面,得到模型侧视图,即沿巷道轴向的最大主应力场,如图 7-20 所示。可以看出,方案一由于锚杆长度不足,在距巷道表面 2 m 的围岩处已无有效锚固应力,巷高范围内最大主应力接近 0,顶板部位由肩角锚杆、锚索扩散作用得到的锚固应力仅为 14 kN,巷帮 2 m 深处未能形成有效锚固应力场;方案二和方案四,在 2 根高预紧力锚索或长锚杆的锚固作用下,巷帮分别形成以锚索和长锚杆为中心、以槽钢梁或钢带提供扩散作用的锚固应力区,该区域沿巷道轴向的分布受锚索或长锚杆排距影响;方案三通过 4 根长锚杆和钢带的锚固作用,在围岩深部形成大范围的有效锚固应力区,且该区域同时作用于巷帮的顶底板围岩,并与顶板锚杆锚索联合支护形成的锚固应力区连接成整体,同时扩展到底板一定范围,实现了巷帮长锚杆与顶板支护锚固应力的有效扩展,在深部形成了大范围的围岩锚固应力场。

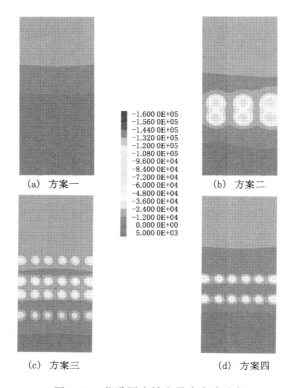

(a) 方案一　　　　　　　　　　　　(b) 方案二

(c) 方案三　　　　　　　　　　　　(d) 方案四

图 7-20　巷道围岩轴向最大主应力场

7.4　控帮护巷技术的作用机理及优化策略

根据上述 4 种巷帮支护方式下围岩锚固应力场特征与作用分析,可以得到控帮护巷技术的作用机理及优化策略。

(1)控帮护巷技术通过增加巷道两帮的锚固深度或提高两帮支护强度,显著扩大了巷帮围岩有效锚固应力场的深度及作用范围,增强了有效锚固应力场的连续完整性,改善了围岩力学状态,有效促使围岩形成统一锚固承载体。同时,明显提高了帮部锚固煤岩体的力学性质,增强了两帮煤岩体的刚度,通过基础刚度效应改善了整个巷道围岩的应力状态。通过现场试验和数值模拟研究,控帮护巷技术显著降低了两帮移近变形量,同时对巷道顶底板也有明显控制作用,围岩变形量减小,承载能力和稳定性得到改善。

(2)巷帮锚杆锚索支护方案和锚杆与长锚杆支护方案中,通过2根锚索加强支护或"两长三短"锚杆支护,提高了支护强度或密度,扩大了部分围岩锚固深度,显著提高了巷帮浅部围岩的锚固应力,明显改善了巷帮深部围岩锚固应力场,增强了巷帮围岩稳定性。通过基础刚度效应抑制巷道顶底板变形,使控帮护巷效果得到显著改善。

(3)巷帮长锚杆支护方案仅通过4根长锚杆扩大围岩锚固深度,而不改变支护方式和支护密度,全面扩大了围岩锚固作用范围,在巷帮较深的范围内形成了连续完整、较均衡的锚固应力场。且巷帮锚固应力场向顶底板传递和延伸,在围岩内形成宽区域、大纵深的主动支护应力场,促使围岩形成较大范围整体承载结构。在锚固应力场扩张和基础刚度效应的双重作用下,实现了低支护成本的有效控帮护巷,在大采高沿空掘巷环境下为支护提供最优方案。

(4)在两帮为软弱煤岩体的煤矿回采巷道,尤其是巷帮已经受采动影响的沿空掘巷条件下,科学、合理、高效的控帮护巷支护设计立足于扩大巷帮围岩的锚固深度,不仅可以通过直接作用显著改善两帮煤岩体的应力状态与力学性质,有效控制两帮变形,而且可以通过基础刚度效应抑制顶底板的变形破坏,是加强巷道围岩整体稳定性控制的有效技术途径,为相似地质和工程条件下的巷道支护提供了理论依据与设计理念。

7.5 本章小结

(1)基于巷道基础刚度效应及锚固支护理论,提出了控帮护巷的支护原理,通过现场控帮支护试验研究,取得了较好的控帮护巷效果,明显改善了巷道围岩稳定状态,验证了控帮护巷原理的科学性、有效性和可行性。

(2)提出了锚杆锚索、长短锚杆、长锚杆等3种控帮护巷支护方式,研究了大采高沿空掘巷控帮护巷在掘进和回采期间的围岩变形破坏特征与控制效果。研究表明,通过控帮支护,沿空掘巷两帮煤体的拉伸破坏范围和变形显著降低,顶底板变形明显减小,围岩稳定状态明显改善。

(3)针对典型控帮支护方式,直观展现出巷道围岩断面及轴向上的锚固应力场,研究了控帮锚固围岩应力场的分布特征,揭示了控帮护巷技术的作用机理。研究表明,控帮护巷技术通过增加巷帮锚固深度或提高支护强度,显著扩大了巷帮有效锚固应力场的深度及范围,增强了有效锚固应力场的连续完整性,改善了围岩力学状态,有效促使围岩形成统一锚固承载体。同时,明显提高了帮部锚固体的力学性质与刚度,通过基础刚度效应抑制顶底板变形,围岩承载能力和稳定性得到改善。

（4）根据典型控帮方式的锚固应力场特征与作用分析，研究了控帮护巷技术优化策略。长锚杆控帮技术全面扩大了锚固深度与作用范围，在巷帮较深范围内形成了连续完整、较均衡的锚固应力场。且巷帮锚固应力场向顶底板传递和延伸，形成了宽深主动支护应力场，促使围岩形成较大范围的锚固承载结构。在锚固应力场扩张和基础刚度效应的双重作用下，不改变支护方式及密度，实现了低成本的有效控帮护巷，这是沿空掘巷最优控帮技术。

（5）基于控帮锚固应力场与控制效果的对比分析，提出了控帮护巷的支护设计理念。对于两帮软弱煤岩体巷道，尤其是沿空掘巷，科学、合理、高效的控帮护巷支护设计立足于扩大巷帮锚固深度，通过控帮直接作用显著改善应力状态与力学性质，有效控制巷帮变形，而且通过基础刚度效应抑制顶底板变形破坏，是巷道围岩整体稳定性控制的有效途径。

参 考 文 献

[1] 范维唐.21 世纪中国能源[C]//中国煤炭学会.21 世纪中国煤炭工业第五次全国会员代表大会暨学术研讨会论文集.北京:[出版者不详],2001.

[2] 缪协兴,钱鸣高.中国煤炭资源绿色开采研究现状与展望[J].采矿与安全工程学报,2009,26(1):1-14.

[3] 王大中.21 世纪中国能源科技发展展望[M].北京:清华大学出版社,2007.

[4] 侯朝炯团队.巷道围岩控制[M].徐州:中国矿业大学出版社,2013.

[5] 茅献彪,缪协兴,陈智纯.膨胀岩特性的细观力学试验研究[J].矿山压力与顶板管理,1995,12(1):60-63.

[6] 缪协兴.软岩巷道围岩流变大变形有限元计算方法[J].岩土力学,1995,16(2):24-34.

[7] 荆升国.高应力破碎软岩巷道棚-索协同支护围岩控制机理研究[D].徐州:中国矿业大学,2009.

[8] 郑雨天,王明恕,何修仁.软岩巷道复合支护的设计计算[J].建井技术,1987,8(4):42-45.

[9] 郑雨天,王明恕,冯永烜,等.软岩巷道支护的模拟实验[J].建井技术,1987,8(3):53-57.

[10] 何满潮.深部软岩工程的研究进展与挑战[J].煤炭学报,2014,39(8):1409-1417.

[11] 何满潮,齐干,程骋,等.深部复合顶板煤巷变形破坏机制及耦合支护设计[J].岩石力学与工程学报,2007,26(5):987-993.

[12] 何满潮.深部的概念体系及工程评价指标[J].岩石力学与工程学报,2005,24(16):2854-2858.

[13] 白国良.基于 FLAC3D 的采动岩体等效连续介质流固耦合模型及应用[J].采矿与安全工程学报,2010,27(1):106-110.

[14] 常来山,王家臣,李慧茹,等.节理岩体边坡损伤力学与 FLAC-3D 耦合分析[J].金属矿山,2004(9):16-18.

[15] 于广明,潘永战,曹善忠,等.基于协同学分析的岩体累积损伤力学模型研

究[J].岩石力学与工程学报,2012,31(增刊):3051-3054.

[16] 康永水.裂隙岩体冻融损伤力学特性及多场耦合过程研究[J].岩石力学与工程学报,2012,31(9):1944.

[17] 张玉军.节理岩体等效模型及其数值计算和室内试验[J].岩土工程学报,2006,28(1):29-32.

[18] 毛坚强.一种解岩土工程变形体-刚体接触问题的有限元法[J].岩土力学,2004,25(10):1592-1598.

[19] 杨峰.高应力软岩巷道变形破坏特征及让压支护机理研究[D].徐州:中国矿业大学,2009.

[20] 王方田.浅埋房式采空区下近距离煤层长壁开采覆岩运动规律及控制[D].徐州:中国矿业大学,2012.

[21] 田振农,李世海,刘晓宇,等.三维块体离散元可变形计算方法研究[J].岩石力学与工程学报,2008,27(增刊):2832-2840.

[22] SHI G H. A geometric method for stability analysis of discontinuous rocks[J]. Science in China,Series A,1982(3):318-336.

[23] 石根华.岩体稳定分析的赤平投影方法[J].中国科学,1977,7(3):260-271.

[24] 石根华.岩体稳定分析的几何方法[J].中国科学,1981,11(4):487-495.

[25] 陈乃明,刘宝琛.块体理论的发展[J].矿冶工程,1993,13(4):15-18.

[26] 黄由玲,张广健,张思俊.随机块体理论及其在地下工程中的应用[J].河海大学学报,1993,21(3):106-111.

[27] 武清玺,王德信.拱坝坝肩三维稳定可靠度分析[J].岩土力学,1998,19(1):45-49.

[28] 张子新,孙钧.分形块体理论及其在三峡高边坡工程中的应用[J].同济大学学报(自然科学版),1996,24(5):552-557.

[29] 张子新,孙钧.三峡高边坡关键分形块体的概率分析[J].同济大学学报(自然科学版),1998,26(3):335-339.

[30] 石根华.不连续变形分析及其在隧道工程中的应用[J].工程力学,1985,2(2):161-170.

[31] 许兴亮,张农,徐基根,等.高地应力破碎软岩巷道过程控制原理与实践[J].采矿与安全工程学报,2007,24(1):51-55.

[32] 许兴亮,张农.富水条件下软岩巷道变形特征与过程控制研究[J].中国矿业大学学报,2007,36(3):298-302.

[33] SHEN B T.Coal mine roadway stability in soft rock:a case study[J].Rock mechanics and rock engineering,2014,47(6):2225-2238.

[34] BAI Q S,TU S H,ZHANG X G,et al.Numerical modeling on brittle fail-ure of coal wall in longwall face-a case study[J].Arabian journal of geo-sciences,2014,7(12):5067-5080.

[35] SHABANIMASHCOOL M, LI C C. Numerical modelling of longwall mining and stability analysis of the gates in a coal mine[J].International journal of rock mechanics and mining sciences,2012,51:24-34.

[36] LI W F, BAI J B, PENG S, et al.Numerical modeling for yield pillar design:a case study[J].Rock mechanics and rock engineering, 2015,48 (1):305-318.

[37] WANG M,BAI J B,LI W F,et al.Failure mechanism and control of deep gob-side entry[J].Arabian journal of geosciences,2015,8(11):9117-9131.

[38] YAN S,BAI J B,WANG X Y,et al.An innovative approach for gateroad layout in highly gassy longwall top coal caving[J].International journal of rock mechanics and mining sciences,2013,59:33-41.

[39] ZHANG K,ZHANG G M,HOU R B,et al.Stress evolution in roadway rock bolts during mining in a fully mechanized longwall face,and an eval-uation of rock bolt support design[J].Rock mechanics and rock engineer-ing,2015,48(1):333-344.

[40] MITRI H S, EDRISSI R, HENNING J G. Finite-element modeling of cable-bolted stopes in hard-rock underground mines[J]. Transactions-society for mining metallurgy and exploration incorporated, 1995, 298: 1897-1902.

[41] HOEK E,CARRANZA-TORRES C,CORKUM B. Hoek-Brown failure criterion-2002 edition [C] // Proceedings of NARMS-TAC conference. Toronto:University of Toronto Press,2002(1):267-273.

[42] HOEK E,BROWN E T.Practical estimates of rock mass strength[J]. International journal of rock mechanics and mining sciences,1997,34(8): 1165-1186.

[43] CAI M, KAISER P K, TASAKA Y, et al. Determination of residual strength parameters of jointed rock masses using the GSI system[J]. International journal of rock mechanics and mining sciences,2007,44(2): 247-265.

[44] CAI M,KAISER P K,UNO H,et al.Estimation of rock mass deformation modulus and strength of jointed hard rock masses using the GSI system

[J].International journal of rock mechanics and mining sciences,2004,41 (1):3-19.

[45] 彭林军.特厚煤层沿空掘巷围岩变形失稳机理及其控制对策[D].北京:中国矿业大学(北京),2012.

[46] 温克珩.深井综放面沿空掘巷窄煤柱破坏规律及其控制机理研究[D].西安:西安科技大学,2009.

[47] 王连国,张志康,张金耀,等.高应力复杂煤层沿空巷道锚注支护数值模拟研究[J].采矿与安全工程学报,2009,26(2):145-149.

[48] 蒋力帅,马念杰,赵志强,等.综放工作面沿空开切眼布置与支护技术研究[J].采矿与安全工程学报,2014,31(1):22-27.

[49] 奚家米,毛久海,杨更社,等.回采巷道合理煤柱宽度确定方法研究与应用[J].采矿与安全工程学报,2008,25(4):400-403.

[50] 王猛,柏建彪,王襄禹,等.迎采动面沿空掘巷围岩变形规律及控制技术[J].采矿与安全工程学报,2012,29(2):197-202.

[51] 余忠林,涂敏.大采高工作面沿空掘巷合理位置模拟与应用[J].采矿与安全工程学报,2006,23(2):197-200.

[52] 李磊,柏建彪,王襄禹.综放沿空掘巷合理位置及控制技术[J].煤炭学报,2012,37(9):1564-1569.

[53] 柏建彪,王卫军,侯朝炯,等.综放沿空掘巷围岩控制机理及支护技术研究[J].煤炭学报,2000,25(5):478-481.

[54] 王卫军,黄成光,侯朝炯,等.综放沿空掘巷底鼓的受力变形分析[J].煤炭学报,2002,27(1):26-30.

[55] 王卫军,侯朝炯.沿空巷道底鼓力学原理及控制技术的研究[J].岩石力学与工程学报,2004,23(1):69-74.

[56] 侯朝炯,李学华.综放沿空掘巷围岩大、小结构的稳定性原理[J].煤炭学报,2001,26(1):1-7.

[57] 侯朝炯,勾攀峰.巷道锚杆支护围岩强度强化机理研究[J].岩石力学与工程学报,2000,19(3):342-345.

[58] 柏建彪.综放沿空掘巷围岩稳定性原理及控制技术研究[D].徐州:中国矿业大学,2002.

[59] 柏建彪,侯朝炯,黄汉富.沿空掘巷窄煤柱稳定性数值模拟研究[J].岩石力学与工程学报,2004,23(20):3475-3479.

[60] 侯朝炯,柏建彪,张农,等.困难复杂条件下的煤巷锚杆支护[J].岩土工程学报,2001,23(1):84-88.

［61］ 郑西贵,姚志刚,张农.掘采全过程沿空掘巷小煤柱应力分布研究[J].采矿
与安全工程学报,2012,29(4):459-465.

［62］ 郑西贵,张农,袁亮,等.无煤柱分阶段沿空留巷煤与瓦斯共采方法与应用
[J].中国矿业大学学报,2012,41(3):390-396.

［63］ 谢广祥,杨科,刘全明.综放面倾向煤柱支撑压力分布规律研究[J].岩石力
学与工程学报,2006,25(3):545-549.

［64］ 杨科,谢广祥.窄煤柱综放巷道围岩应力场特征[J].采矿与安全工程学报,
2007,24(3):311-315.

［65］ ZHANG Z Z,BAI J B,CHEN Y,et al.An innovative approach for gob-
side entry retaining in highly gassy fully-mechanized longwall top-coal
caving[J].International journal of rock mechanics and mining sciences,
2015,80:1-11.

［66］ ZHANG Y, PENG S S.Design considerations for tensioned bolts[Z].
[S.l.:s.n.],2002.

［67］ BAKUN-MAZOR D,HATZOR Y H,DERSHOWITZ W S.Modeling
mechanical layering effects on stability of underground openings in
jointed sedimentary rocks[J].International journal of rock mechanics and
mining sciences,2009,46(2):262-271.

［68］ 刘洪涛,马念杰.煤矿巷道冒顶高风险区域识别技术[J].煤炭学报,2011,36
(12):2043-2047.

［69］ 杨吉平.薄层状煤岩互层顶板巷道围岩控制机理及技术[D].徐州:中国矿
业大学,2013.

［70］ 贾后省,马念杰,赵希栋,等.深埋薄基岩大跨度切眼顶板失稳垮落规律[J].
采矿与安全工程学报,2014,31(5):702-708.

［71］ SUN G C,PENG S S.Rock mechanics property data bank for coal
measure strata[C]∥ Proceedings of 12th international conference on
ground control in mining.Morgantown:[s.n.],1993.

［72］ ADLER L.Rib control of bedded roof stresses[C]∥The 4th US symposi-
um on rock mechanics.[S.l.:s.n.],1961.

［73］ 王金安,尚新春,刘红,等.采空区坚硬顶板破断机理与灾变塌陷研究[J].煤
炭学报,2008,33(8):850-855.

［74］ 何富连,王晓明,谢生荣.特大断面碎裂煤巷顶板弹性基础梁模型研究[J].
煤炭科学技术,2014,42(1):34-36.

［75］ 于学馥,乔端.轴变论和围岩稳定轴比三规律[J].有色金属,1981(3):8-15.

［76］ 于学馥.轴变论与围岩变形破坏的基本规律［J］.铀矿冶,1982,1(1):8-17.

［77］ 方祖烈.拉压域特征及主次承载区的维护理论［C］∥世纪之交软岩工程技术现状与展望.北京:［出版者不详］,1999.

［78］ 何满潮,景海河,孙晓明.软岩工程地质力学研究进展［J］.工程地质学报,2000,8(1):46-62.

［79］ 何满潮.深部软岩工程的研究进展与挑战［J］.煤炭学报,2014,39(8):1409-1417.

［80］ 侯朝炯,勾攀峰.巷道锚杆支护围岩强度强化机理研究［J］.岩石力学与工程学报,2000,19(3):342-345.

［81］ 蒋金泉,曲华,刘传孝.巷道围岩弱结构灾变失稳与破坏区域形态的奇异性［J］.岩石力学与工程学报,2005,24(18):3373-3379.

［82］ 樊克恭,蒋金泉.弱结构巷道围岩变形破坏与非均称控制机理［J］.中国矿业大学学报,2007,36(1):54-59.

［83］ SOFIANOS A I. Analysis and design of an underground hard rock voussoir beam roof［J］.International journal of rock mechanics and mining sciences and geomechanics abstracts,1996,33(2):153-166.

［84］ NOMIKOS P P,SOFIANOS A I.An analytical probability distribution for the factor of safety in underground rock mechanics［J］. International Journal of rock mechanics and mining sciences,2011,48(4):597-605.

［85］ 钱鸣高,石平五.矿山压力与岩层控制［M］.徐州:中国矿业大学出版社,2004.

［86］ HETENYI M. Beams on elastic foundation: theory with applications in the fields of civil and mechanical engineering［M］. Ann Arbor: The University of Michigan press,1946.

［87］ BARBER J R.Intermediate mechanics of materials［M］.Berlin:Springer-Verlag,2010.

［88］ 王树仁,周洪彬,武崇福,等.采用综合评判方法确定工程岩体力学参数研究［J］.岩土力学,2007,28(增刊):202-206.

［89］ 张志刚,乔春生.改进的节理岩体强度参数经验确定方法及工程应用［J］.北京交通大学学报,2006,30(4):46-49.

［90］ 晏鄂川,唐辉明.工程岩体稳定性评价与利用［M］.武汉:中国地质大学出版社,2002.

［91］ Rocscience Inc.Software for rock mass strength analysis using the Hoek-Brown failure criterion［Z］.Toronto:［s.n.］, 2002.

［92］ SYD S. PENG.Coal mine ground control［M］.Xuzhou：China University of Mining and Technology press,2013.

［93］ PATERSON M S.Experimental deformation and faulting in wombeyan marble［J］.Geological society of america bulletin,1958,69(4)：465-476.

［94］ PATERSON M S, WONG T F. Experimental rock deformation-the brittle field［M］.Berlin：Springer-Verlag,2005.

［95］ MOGI K.Deformation and fracture of rocks under confining pressure (1), compression tests on dry rock sample［J］.Bulletin of the earthquake research institute,University of Tokyo ,1964,42(3)：491-514.

［96］ HEARD H C. Transition from brittle fracture to ductile flow in solenhofen limestone as a function of temperature,confining pressure,and interstitial fluid pressure［J］.Geological society of america memoirs,1960, 79：193-226.

［97］ 徐速超.硬岩脆性破坏过程机理与应用研究［D］.沈阳：东北大学,2010.

［98］ BRADY B T.A mechanical equation of state for brittle rock：Part II-the prefailure initiation behavior of brittle rock［J］. International journal of rock mechanics and mining sciences and geomechanics abstracts,1973,10 (4)：291-309.

［99］ HAJIABDOLMAJID V,KAISER P K,MARTIN C D.Modelling brittle failure of rock［J］. International journal of rock mechanics and mining sciences,2002,39(6)：731-741.

［100］尤明庆,华安增.岩石试样的三轴卸围压试验［J］.岩石力学与工程学报, 1998,17(1)：24-29.

［101］CUI X Z,JIN Q,SHANG Q S,et al.Mohr-coulomb model considering variation of elastic modulus and its application［J］.Key engineering materials,2006(306)：1445-1448.

［102］VAZIRI H,JALALI J S,ISLAM R.An analytical model for stability analysis of rock layers over a circular opening［J］.International journal of solids and structures,2001,38(21)：3735-3757.

［103］AGAPITO J,GILBRIDE L.Horizontal stresses as indicators of roof stability［Z］.Phoenix：［s.n.］,2002.

［104］HEBBLEWHITE B,LU T.Geomechanical behaviour of laminated,weak coal mine roof strata and the implications for a ground reinforcement strategy［J］.International journal of rock mechanics and mining sciences,

2004,41(1):147-157.

[105] 侯朝炯,马念杰.煤层巷道两帮煤体应力和极限平衡区的探讨[J].煤炭学报,1989,14(4):21-29.

[106] 董方庭,宋宏伟,郭志宏,等.巷道围岩松动圈支护理论[J].煤炭学报,1994,19(1):21-32.

[107] 袁亮,顾金才,薛俊华,等.深部围岩分区破裂化模型试验研究[J].煤炭学报,2014,39(6):987-993.

[108] 李术才,王汉鹏,钱七虎,等.深部巷道围岩分区破裂化现象现场监测研究[J].岩石力学与工程学报,2008,27(8):1545-1553.

[109] 钱七虎,李树忱.深部岩体工程围岩分区破裂化现象研究综述[J].岩石力学与工程学报,2008,27(6):1278-1284.

[110] SAINOKI A,MITRI H S.Dynamic modelling of fault-slip with Barton's shear strength model[J].International journal of rock mechanics and mining sciences,2014,67:155-163.

[111] SAINOKI A,MITRI H S.Effect of slip-weakening distance on selected seismic source parameters of mining-induced fault-slip[J].International journal of rock mechanics and mining sciences,2015,73:115-122.

[112] SAINOKI A,MITRI H S.Methodology for the interpretation of fault-slip seismicity in a weak shear zone[J].Journal of applied geophysics,2014,110:126-134.

[113] Itasca International Inc. FLAC3D-fast lagrangian analysis of continua[Z].[S.l.:s.n.],2009.

[114] 陈育民,徐鼎平.FLAC/FLAC3D 基础与工程实例[M].北京:中国水利水电出版社,2009.

[115] 胡盛明,胡修文.基于量化的 GSI 系统和 Hoek-Brown 准则的岩体力学参数的估计[J].岩土力学,2011,32(3):861-866.

[116] LI C C.Field observations of rock bolts in high stress rock masses[J].Rock mechanics and rock engineering,2010,43(4):491-496.

[117] GHADIMI M,SHAHRIAR K,JALALIFAR H.Analysis profile of the fully grouted rock bolt in jointed rock using analytical and numerical methods[J].International journal of mining science and technology,2014,24(5):609-615.

[118] CAI Y,ESAKI T,JIANG Y J.An analytical model to predict axial load in grouted rock bolt for soft rock tunnelling[J].Tunnelling and under-

ground space technology,2004,19(6):607-618.

[119] IVANOVIC A,STARKEY A,NEILSON R D,et al. The influence of load on the frequency response of rock bolt anchorage[J].Advances in engineering software,2003,34(11):697-705.

[120] IVANOVIC A,NEILSON R D.Influence of geometry and material properties on the axial vibration of a rock bolt[J].International journal of rock mechanics and mining sciences,2008,45(6):941-951.

[121] CHEN Y.Experimental study and stress analysis of rock bolt anchorage performance[J].Journal of rock mechanics and geotechnical engineering,2014,6(5):428-437.

[122] 康红普,姜鹏飞,蔡嘉芳.锚杆支护应力场测试与分析[J].煤炭学报,2014,39(8):1521-1529.

[123] NEMCIK J,MA S Q,AZIZ N,et al.Numerical modelling of failure propagation in fully grouted rock bolts subjected to tensile load[J].International journal of rock mechanics and mining sciences,2014,71:293-300.

[124] KANG H P,WU Y,GAO F Q,et al.Fracture characteristics in rock bolts in underground coal mine roadways[J].International journal of rock mechanics and mining sciences,2013,62(62):105-112.

[125] 钱鸣高,缪协兴.采场"砌体梁"结构的关键块分析[J].煤炭学报,1994,19(6):557-563.

[126] 钱鸣高,缪协兴.岩层控制中的关键层理论研究[J].煤炭学报,1996,21(3):225-230.

[127] 谢和平,周宏伟,王金安,等.FLAC 在煤矿开采沉陷预测中的应用及对比分析[J].岩石力学与工程学报,1999,18(4):397-401.

[128] BADR S,SCHISSLER A,SALAMON M,et al.Numerical modeling of yielding chain pillars in longwall mines[C] // Proceedings of the 5th north american rock mechanics symposium.Toronto:[s.n.],2002.

[129] BADR S. Numerical analysis of coal yield pillars at deep longwall mines[D].Colorado:Colorado School of Mines,2004.

[130] 浦海,缪协兴.综放采场覆岩冒落与围岩支撑压力动态分布规律的数值模拟[J].岩石力学与工程学报,2004,23(7):1122-1126.

[131] 王作宇,刘鸿泉.采空区应力、覆岩移动规律与顶底板岩体应力效应的一致性[J].煤矿开采,1993(1):38-44.

[132] 缪协兴,钱鸣高.采动岩体的关键层理论研究新进展[J].中国矿业大学学

报,2000,29(1):25-29.

[133] PALCHIK V.Influence of physical characteristics of weak rock mass on height of caved zone over abandoned subsurface coal mines[J].Environmental geology,2002,42(1):92-101.

[134] BAI M, KENDORSKI F S, VAN ROOSENDAAL D J. Chinese and north American high-extraction underground coal mining strata behavior and water protection experience and guidelines[C]∥Proceedings of the 14th international conference on ground control in mining.Morgantown: [s.n.],1995.

[135] SALAMON M.Mechanism of caving in longwall coal mining[C]∥Rock mechanics contribution and challenges: proceedings of the 31st US symposium of rock mechanics.Colorado:[s.n.],1990.

[136] 张振南,缪协兴,葛修润.松散岩块压实破碎规律的试验研究[J].岩石力学与工程学报,2005,24(3):451-455.

[137] 张振南,茅献彪,郭广礼.松散岩块压实变形模量的试验研究[J].岩石力学与工程学报,2003,22(4):578-581.

[138] 马占国.采空区破碎岩体压实和渗流特性研究[M].徐州:中国矿业大学出版社,2009.

[139] PAPPAS D M,MARK C.Behavior of simulated longwall gob material [M].[S.l.:s.n.],1993.

[140] XIE H P,CHEN Z H,WANG J.Three-dimensional numerical analysis of deformation and failure during top coal caving[J].International journal of rock mechanics and mining sciences,1999,36(5):651-658.

[141] WHITTLES D N,LOWNDES I S,KINGMAN S W,et al.Influence of geotechnical factors on gas flow experienced in a UK longwall coal mine panel[J].International journal of rock mechanics and mining sciences, 2006,43(3):369-387.

[142] YAVUZ H.An estimation method for cover pressure re-establishment distance and pressure distribution in the goaf of longwall coal mines[J]. International journal of rock mechanics and mining sciences,2004,41 (2):193-205.

[143] 白庆升,屠世浩,袁永,等.基于采空区压实理论的采动响应反演[J].中国矿业大学学报,2013,42(3):355-361.

[144] 侯朝炯,马念杰.煤层巷道两帮煤体应力和极限平衡区的探讨[J].煤炭学

报,1989,14(4):21-29.

[145] 屠世浩,白庆升,屠洪盛.浅埋煤层综采面护巷煤柱尺寸和布置方案优化[J].采矿与安全工程学报,2011,28(4):505-510.

[146] 蒋力帅,刘洪涛,连小勇,等.浅埋中厚煤层护巷煤柱合理宽度研究[J].煤矿开采,2012,17(4):105-108.

[147] 柏建彪,王卫军,侯朝炯,等.综放沿空掘巷围岩控制机理及支护技术研究[J].煤炭学报,2000,25(5):478-481.

[148] 柏建彪,侯朝炯,黄汉富.沿空掘巷窄煤柱稳定性数值模拟研究[J].岩石力学与工程学报,2004,23(20):3475-3479.

[149] 肖同强,柏建彪,王襄禹,等.深部大断面厚顶煤巷道围岩稳定原理及控制[J].岩土力学,2011,32(6):1874-1880.

[150] 陈荣华,白海波,冯梅梅.综放面覆岩导水裂隙带高度的确定[J].采矿与安全工程学报,2006,23(2):220-223.

[151] 栾元重,李静涛,班训海,等.近距煤层开采覆岩导水裂隙带高度观测研究[J].采矿与安全工程学报,2010,27(1):139-142.

[152] 胡小娟,李文平,曹丁涛,等.综采导水裂隙带多因素影响指标研究与高度预计[J].煤炭学报,2012,37(4):613-620.

[153] 许家林,朱卫兵,王晓振.基于关键层位置的导水裂隙带高度预计方法[J].煤炭学报,2012,37(5):762-769.

[154] 许家林,王晓振,刘文涛,等.覆岩主关键层位置对导水裂隙带高度的影响[J].岩石力学与工程学报,2009,28(2):380-385.

[155] 曲天智.深井综放沿空巷道围岩变形演化规律及控制[D].徐州:中国矿业大学,2008.

[156] 王德超,李术才,王琦,等.深部厚煤层综放沿空掘巷煤柱合理宽度试验研究[J].岩石力学与工程学报,2014,33(3):539-548.

[157] 王卫军,侯朝炯,柏建彪,等.综放沿空巷道顶煤受力变形分析[J].岩土工程学报,2001,23(2):209-211.

[158] 王猛,柏建彪,王襄禹,等.深部倾斜煤层沿空掘巷上覆结构稳定与控制研究[J].采矿与安全工程学报,2015,32(3):426-432.

[159] 李顺才,柏建彪,董正筑.综放沿空掘巷窄煤柱受力变形与应力分析[J].矿山压力与顶板管理,2004,21(3):17-19.

[160] BOBET A. Elastic solution for deep tunnels. Application to excavation damage zone and rockbolt support[J]. Rock mechanics and rock engineering,2009,42(2):147-174.

［161］ BOBET A,EINSTEIN H H.Tunnel reinforcement with rockbolts［J］. Tunnelling and underground space technology,2011,26(1):100-123.

［162］ 马念杰,赵志强,冯吉成.困难条件下巷道对接长锚杆支护技术［J］.煤炭科 学技术,2013,41(9):117-121.

［163］ 刘洪涛,王飞,蒋力帅,等.顶板可接长锚杆耦合支护系统性能研究［J］.采 矿与安全工程学报,2014,31(3):366-372.

［164］ 柏建彪,李文峰,王襄禹,等.采动巷道底鼓机理与控制技术［J］.采矿与安 全工程学报,2011,28(1):1-5.